U0338581

# 合二为一

S I T E & D I V E R S I T Y

## 场地与机理的解读

章俊华 著

中国建筑工业出版社

图书在版编目（CIP）数据

　　合二为一——场地与机理的解读／章俊华著．—北京：中国建筑工业出版社，2016.9
　　ISBN 978-7-112-19564-0

　　Ⅰ.①合… Ⅱ.①章… Ⅲ.①景观设计－文集 Ⅳ.①TU986.2-53

　　中国版本图书馆CIP数据核字（2016）第153036号


责任编辑：杜　洁　兰丽婷
责任校对：王宇枢　张　颖

合二为一——场地与机理的解读
章俊华　著

＊
中国建筑工业出版社出版、发行（北京西郊百万庄）
各地新华书店、建筑书店经销
北京锋尚制版有限公司制版
北京中科印刷有限公司印刷
＊
开本：880×1230毫米　1/32　印张：7⅜　字数：245千字
2017年1月第一版　2017年1月第一次印刷
定价：58.00元
ISBN 978－7－112－19564－0
　　　（29063）

# 前　言

当我们接手一个项目的时候，会有很多不确定因素始终伴随着你，通常被认为只存在两种情况可以较圆满地处理好其间的关系，第一种是对专业基础知识，特别是对一些常规的限定了解甚少，以至于将其完全忽略。这种看似"外行"的做法，实际上都成就了大部分的英雄豪杰。因为他无视了绝大部分的前提条件，包括有意和无意的条件，其结果是让作品变得更加纯粹，有些不经意的失误无碍作品整体的效果。另一种情况是很有效地屏蔽了那些他们认为不重要的因素，很巧妙地将筛选后的部分尽量做到极致。同时也反映设计师的世界观及设计哲学，这些决策有时也会让常人费解，特别是对绝大多数设计师都看好的部分丝毫不感兴趣，甚至采取"放弃"的方式，去实现自己期待中的空间场所。通常我们把这两种形式称作初级与高级。如果以此类推初级与高级都能做好作品的话，那中级也应该能出好作品吧！回答是"NO"。为什么呢？因为那些受过专业教育及训练的设计师，会被那些不定因素缠绕整个设计过程，不能说他们没有能力去处理好这些不定因素，而是最终未能将这些处理好的因素完整地"串联"起来，这是一个最致命的问题。无论是刚出校门的年轻设计师，还是工作多年的、理论和实践都很丰富的"老"设计师。都会在这一解决问题的过程中失去创作出好作品的机会。实际上将所有出现的因素都能很好地得以消化，理解，最终得出一个无懈可击、完美无缺的作品几乎是不太可能的。所以说唯一的方法是学会"放弃"，也就是做减法。这就是本书的书名：合二为一，将复杂的事物简单化，能做到的设计师我们称之为"高级"，而那些原本跨专业的初级设计师也会因为并未认识到事物的复杂性综合性而从一开始就很简单化。这么一说，其实设计也不难，只是"中级"占了绝大部分而显得好作品寥寥无几，感觉上奇妙无比，让很多设计师在这一过程中丧失了自信。为此，通过本书希望向每一位读者传达这样一个信息：每个人都有成为"大师"的机会，只要你能处理好这些因素间的关系，其最好的方式是做减法，并将其"合二为一"。

本书分为以下两部分：

"陋言拙语"部分选入了15篇短文，其中有与专业没有直接关系的小故事，也有与专业沾了一点边的随笔杂谈，还有纪实性的综述文章。但这些都是作为一名设计师成长过程中的经历，有些看似与专业无关，但实际上它都与专业存在着千丝万缕的间接关系，并构成和反映了设计师本人的世界观。

"吾人小作"部分选入了3个项目：

从方案到竣工都显得极度僵硬及锲而不舍，但又有些无奈的"明园——第九届中国（北京）国际园林博览会设计师园"；从一开始的茫然，到最终大家的微笑，其间包含了多少精心而又无序的调整，欢喜和悲哀的交织，期盼与失望两重天的"'荒'的解读——新疆巴州和硕滨河公园景观设计"；没有任何条条框框和先决条件，尽情发挥，理想成为现实但又略显超越了现实的"对抗中的赏心——新疆博乐市恬园"。

　　每个项目也许有很多不解之处，也留下过无可挽回的遗憾。设计用语言表达也许太难，可以简单地概括为：首先要学会"放弃"，其次是把没有"放弃"

的部分做到极致，但实际做起来可能也不会太容易，那么就让我们先从："合二为一——场地与机理的解读"开始吧！

章俊华
2016年3月于日本松户

# 目 录

# 1

## 陋言拙语

# 中村老师

中村老师是徐波老师（北林地景副院长）的日本导师，也是我去千叶大学认识的第一位老师，是日本研究儿童被伤害犯罪的第一人。如果说把对自己的人生起到影响的人称之为"恩人"的话，中村攻老师就是我在日本的恩人。

大学毕业后很长一段时间，包括在日本留学期间，一直都认为"园林规划设计专业"就是"规划设计"。只有"不停"地去画图，才是我们专业要做的事情，而且这种想法在当今的大学生中间也存在着普遍性。但是在与日本千叶大学中村攻老师的一次对话中，彻底地改变了这种看法。那还是在硕士论文答辩完成后不久，当时我的论文被所有老师共同认为是最不成熟的一篇论文。中村老师当初也许是为了安慰我，主动问起我的情况，他问我最感兴趣的事是什么？我说是做设计，因为在中国上大学的时候，每天待在图板前面

画图，这个专业好像不画图就没什么可干的了。但是中村老师却很随意地问我："你知道吗？在日本有很多可供儿童活动的户外绿地场所。设计师们每天都在为这些儿童做公园设计。无时无刻不在寻找和追求最适合儿童户外活动场所的设计，而且其中许多人为此努力奋斗了十几年，甚至更多。但是这些优秀的设计师为儿童设计的户外活动场所原本是儿童最喜欢的场所之一，但是现在却成为儿童被拐骗、被伤害的危险场所"。听到这里，我都快崩溃了，难道我们一直以最大的努力去做的设计，非但没有成为儿童最理想，最喜欢的场所，反而成为犯罪事件最多发的场所。看着我一副无法理解的表情，中村老师又补充说："我从20世纪80年代就开始研究这个问题，当时谁也不认为这是一个社会问题。但90年代后的今天，日本儿童受害率不断提高，而发生案件

最多的场所就是设计师为儿童所设计的最美、最好的公园"。听到这里，更感到像我们这样越喜欢设计并且设计做得越多的人，越是罪魁祸首。此时，中村老师又补充道："我们的专业不仅仅是设计，规划设计充其量也仅仅是其中的一小部分"。

从那次交谈以后，我十分注意儿童被害方面的动向，经常看到相关的报道，而且越来越多。中村老师也因为是研究这方面的最权威的教授，几乎被所有的电视台、电台、报社采访过。由中国建筑工业出版社出版的《儿童易遭侵犯空间的分析及其对策》一书是中村老师有关此方面著作中的一本。

日本、欧美这方面的问题在早已得到社会的广泛关注。中国在这方面的问题也时有报道："男孩遭绑，命悬一线"。"上学途中遭绑架，对方索要8万元……"。中国实行独生子女政策以

来，对孩子的教育培养是全社会的热门话题，然而对儿童的安全问题也必将得到社会更广泛的关注。中村老师的这本书，可以让我们从另一个角度去关注我们的下一代，反思我们所做的相关规划项目，也许这正是重新认识我们所从事的专业的真正含意！

2004年回日本任教后，与中村老师的接触机会就又多了起来，也许是规划出身，思维方式总是那么的严谨、客观、理性，而且逐渐地发现，他不光是一位出色的研究者、教育家，更重要的是他还是一位思想家，甚至可以称之为哲学家，通读马列主义和毛选五卷，对任何事物的分析总是那么透彻的恩师。很大程度上讲，他影响了我的一生。

*（本文部分内容引自：《儿童易遭侵犯空间的分析及其对策》的后记。）*

# 处女作

严格上讲我的处女作（从方案到施工图）应该是大学毕业后做的北京军区后勤部通州干休所老干部活动中心的前广场，那是1985年（大学毕业后的第二年），当初喷泉还很少有人用，我们用了刚通过产品合格检查的大红门外乡镇企业做的成品喷泉，记得用了当时最受欢迎的"蒲公英球"喷头，现在一些地方县市招待所偶尔还能看到。不过也许是管理上或施工质量的问题，一年后就把水池填掉了。据说原因是水泵的水下电线漏电，有安全隐患。此后被几对石凳石桌所取代。现在看看当时的设计，实在不敢恭维。

不过今天在这里要讲的是留学回国后第一个作品。那是2000年初夏的一天，突然接到一个未知电话，说是鲁能（山东电力能源集团）驻京办事处的鲁能西山别墅（玉泉山脚下）要做庭园，希望我们能参与。当时也没有犹豫就一口答应了。因为回国才刚刚一年多，乍一听"鲁能"还反应不过来。随手勾了一张草图，让学生上机做了几张效果图，又写了几句设计说明，就赴约做了一次汇报。主任没有任何表态，只是"嗯，嗯"地顺着我说的点头。几天后主任助理刘先生来电话，希望把这个方案在两星期内直接完成施工图设计。最后，水电让林大的老师配，建筑、结构找我的好朋友当私活做，最重要的种植设计委托北京植物园的京华设计事务所，主要考虑到距离近，后期现场配合方便，而且种植又是他们的强项。

在这之前也单独承接过项目，1999年的北京平谷金海湖风景名胜区的资源调查就是其中之一。但金额都不多，通过其他单位转一下账也就解决了，可这次首先遇到的问题是已经超出一般简单的转账就可以解决的范围。鲁能的刘助理给我出主意，让我注册一个公司。回国前连想都没想过，当时确实也是被逼无奈，从此正式走上了这条创业之路。那时这在清华建筑学院除了很早以前就开始在外开业的个例老师外，还是决无仅有的。而且社会上还很少有个人的景观设计事务所。

这园子设计的重点是要同时看到玉泉山的两座塔。实际上在不抬高地面的情况下也可以从现场的几个角度看到双塔，最后还是决定堆了一个近5米的地形，一方面是希望从室内看不到周边的墙，另一方面也考虑俯视整个庭园，当然在最高处设置一个观景亭为了看双塔更清楚。不过后来才知道鲁能同时也找了另一家，设计师我认识，当时在园林界已小有名气，说老实话，确实做得不错。如果让我选择的话一定会选那一家，真不知鲁能是以什么标准评判的。

从2000年夏季开始施工，到秋季完成了地形、土建（包括照明）和部分种植。当我第一次登上观景亭的时候，西面的两塔当然不用说，往东一看，居然可以看到颐和园的佛香阁，这完全是意外收获，心想等第二年全部竣工以后好好拍几张。可怎么也没想到过了多久，因此地区一次停电，别墅正好赶上有活动，临时起动自备发电系统（这是鲁能的老本行），周围一片漆黑更显灯火通明，正巧被玉泉山的某位领导过问了一下，从此就被无条件地"收购"了。连鲁能的人也别再想涉足此地。好在我还照了几张近景保存至今。2009年5月份回国时，听朋友说绿城集团准备开发这块区域，居民房全部拆迁，但唯一只留下一处孤零零的院落，我想那一定是8年前未完成的处女作。

# 锅里壮

过去人们为如何吃饱饭而想尽办法，每天大家见面第一句话就是："吃了吗"之类的问候语。可是现在人们都在想每顿如何吃好，而且还要吃出花样，真不愧为吃在中国。我的很多日本朋友来中国一开始要能吃上麻婆豆腐、青椒肉丝、回锅肉、蛋炒饭等就非常满足了，因为那是日本中餐最典型的代表菜，但是来过几次后再给他们点这些菜时，他们都会不约而同地说不用了。其中也有从来不吃辣的人，一起去了一趟重庆，品尝了最正宗的四川麻辣菜后居然会爱不释口，到了新疆乌鲁木齐非要求去柴火铺吃正宗大盘鸡。虽然很辣，一旦吃上，就很难放下手中的筷子，而且专挑小鸡块吃，因为味道进入了鸡肉的所有部分……。我本人也是比较喜欢吃，虽然量上要求不大，但对菜品味道还是较为挑剔。

2008年元旦前，几位朋友聚会，同时也想畅谈一些今后合作发展的事宜，去的是一个叫"锅里壮"的地方。第一次去，据说是一位台湾美食家开的店，店面不大，一楼是散客，二楼好像也只有三间左右的包房，只接受预定。每道菜均有一位服务生专门作详细的说明，上的均是羊鳖、牛鳖、鹿鳖、猫鳖、狗鳖，还有更少见的蛇鳖等等，名副其实的锅里壮，也从中长了很多学问。一起去的朋友可能与老板较熟，自带了三瓶"特供"茅台和一瓶五粮液。打开后一喝就知道茅台酒是假货，大家只好喝那瓶五粮液。老板知道我们酒不够，吩咐服务员拿来了自家制作的泡酒，并一再解释这泡酒从来都不出售，今天新老朋友相聚，高兴，每人送一小瓶，并非常神秘地说："这酒管用"。从外表上看扁长的塑料瓶，包装较粗糙，酒的颜色好像是泡了很长时间，比绍兴加饭酒还深，稠稠的感觉，大概是2两左右。这时服务生已在每个人的面前准备好新的酒杯，并示意大家开瓶倒酒。酒倒出来浓浓的，一点都不透明。试着喝了一口，只觉得胸口热辣辣的，并有一股极强烈的动物血腥味。酒的度数应该是高度酒中偏高的那一种，好在酒精度高冲淡了那种特殊的怪腥味。最后大家决定分两次干掉，平日酒量不行的我，那天也不知为什么，二话没说和大家一起喝掉了那2两泡酒，现在想想也许是想证明老板说的话到底有多灵。

因为平时对这些小动物虽不陌生，但这种吃法还是第一次，什么狗鳖，就好似膨胀螺栓，蛇鳖一般有两条等等，听着服务生的介绍都快入了神。这时老板送的酒直往上顶，如果再喝多点，一定支撑不住。不过这个店还确实是很有特色的，虽然每道菜的味道做得都似浇上了鲍鱼汁，但现在的人已不只是用品尝菜点来衡量好坏，而是增加了另一种养生的享受。

正好第二天要和如生一起去一趟天津生态城。接上他就准备直接上去天津的路，这时如生说先去另一朋友那里拿点东西，正巧昨天晚上他也参加锅里壮的聚餐。因为没有停车的地方，那位朋友在路边等着，当时我也没下车，就听外面的朋友说："这有两瓶茅台给您过节用"。如生连声道谢后就又马上上了车，最后那位朋友绕到车前送行时，十分惊异的发现我也在车里。如生上车后就夸这位朋友有办法，经常有些好酒，这两瓶是"特供"的。一说"特供"我不由得瞟了一眼，惊讶地发现这不正是昨天晚上的那两瓶没开封的"特供"茅台酒吗！当时也没再多说什么。因第二天下午要赶回北京，如生则需回一趟塘沽老家，这样他就让我将不好拿的东西先带回北京暂存在住家楼下的传达室。我按照吩咐将东西放到传达室后给如生打了个电话，说明东西暂放的地方。只听如生在电话里高喊那两瓶"特供"茅台请一定替他带给在日本的老岳父（岳父很喜欢喝酒）。我说不用了，日本人喝不了这么高度的酒，但是在电话对方的他还是一再强调这是一片心意，请一定代收。不知为什么最后还是让我婉言谢绝了，现在想想当时真应该领了这份情，事后自己把它"处理"掉。最后，殊不知这酒会跑到谁的"百叶"里。

# 13号的星期五

经常有人说每逢13号如果是周五的话，一定要小心注意。我一直没太在意这方面，总觉得那是西方社会的说法，和我们东方人没关系。但是说来也巧，2013年12月13日的星期五却碰到了有生以来第一次如此蹊跷的事情。

那一天正好赶上有课，像往常一样，按正常的上课时间来到教室，拿出每次都用的笔记本电脑，接上电源，放下屏幕，打开投影仪、启动系统，调整话筒音量。但不知什么原因，电脑启动时最初出现的黑屏总是过不去，又等了一小会儿还是这样，没办法就强制关机，再重新启动，但还是老样子，又试了几次都不行。这时渐渐感觉到要出问题，随之动作上也有些忙乱，因为是上课专用电脑，平时不做其他用，因此，上课时从来没出现过任何问题，而且购买也只有两三年的时间，不算长。到

目前为止，还是第一次碰到自己的电脑无缘无故地启动不起来，无奈，最后只能决定再换一台。虽说教室离研究室也就100多米，但是平时从不运动的我下楼、上楼一路小跑过来也已是气喘吁吁了。当时研究室正好有一位学生，我简单地说明了情况后，拿着他的电脑就往外跑，没跑几步就听到那位学生在后面边跑边追赶过来。开始以为又发生了什么事，待他跑过来才知道慌忙之中忘了告诉我启动的密码。我接过他写有密码的小纸条又继续往前跑，赶回教室时已经满头冒汗，不过心里很安稳，想着事情解决了比什么都好。当把密码输完连看都没看，按下键盘上的"Enter"。迫不及待地抬起头，对学生表示歉意，并开始介绍今天的课程内容。但是当准备继续操作电脑时，看到屏幕上显示"密码错误"四个字样，难道是我一着急输

错了，只好按照小纸条上写的密码又输入了第2次、第3次……。这时才意识到密码不正确，想马上打电话给他，可是因为上课时从来不带手机也无法联系上他，只好又往回奔跑。一口气跑回研究室3个屋子都找遍了，却没有发现刚才这位学生。最后只能回到自己的房间拿起手机给他打了电话，不错对方马上就接了，我说密码不对进不去，这时他也突然想起来是把台式机的密码告诉我了。这时听到对方解释刚出校门，准备坐电车，我说不用你回来，把密码告诉我就可以。在得到正确的密码后马又沿着原路往回跑，进教室第一件事就是再次输密码，电脑终于启动了。看着启动的电脑有一种说不出的喜悦，随之拿着投影仪的连接头找电脑上的插口。从前到后从左到右找了一大圈，却怎么也找不到对得上的插口，不会是没有接投影

仪的插口吧！事后才知道真的是那种不能接投影仪的电脑，学生用的简装版省去了这个功能，怎么这么倒霉呀！只好又再次跑回研究室，借用另一位学生的笔记本电脑。这回吸取了上次的教训，让她一起拿着另一台电脑再次跑回教室。这时一个半小时的课已经过了1/3（半小时）。接下来的事一切顺利，但下课回到研究室想看看自己的电脑到底出了什么问题，再一次启动时，居然像什么事情都没有发生过一样，完全正常地启动起来……，顿时无语。老天爷也不能这么玩吧！！！郁闷了好多天后才恍然大悟，那天正好是13日的星期五。有些事无理可讲，你不信也得信！

# 口腔炎

也不知是什么原因，大概从2008年开始，自己经常性地出现口腔炎，后来发展到很规律地定期出现这种症状，虽不是生命关天的大病，但对我们做教师的人来说却是致命的打击。原本发音就不太纯正的外来人，讲课时的内容就更让日本学生"头痛"了。说它是方言，好像也不对，倒有点像大舌头的人在讲流利的日语。每当遇到这段时期总是感到很狼狈，后来下决心彻底治疗。

一开始听从周边人的建议，认定是缺少微量元素，到药店买来维生素B2，但吃后基本上没有什么效果，到时候该犯还是犯。后来又同时追加了一些深海鱼油也不管用，最后去医院看医生，开了3种药：维生素C+维生素B的合成药、维生素B6、维生素B2。但服用了四周却仍未见有特别的好转，只是发病的部位有些转移，原来多集中在舌尖，现在稍

微偏后或口腔内侧（特别是嘴唇内侧）。疼痛感略有缓解，不过也还是定期发病。后来又去看了一次医生，也还是只开了同样的3种药，又吃了四周的一个疗程变化也不大。虽然西医不行，还有我们的中医呢！为此趁回国出差之际专程到北京西苑的中医研究院挂了一个专家门诊。老先生一星期只出诊2天，正好让我赶上，深感幸运。将病情的前前后后仔细地介绍了一遍，老先生从一开始就很认真地听，并在医疗手册上写着什么，待我介绍完后，老先生又问了几个问题，比如说工作是否很忙等等，几乎和日本医生问的问题完全一样。我如实地一一回答了全部的问题，要说工作强度和睡眠长短，这些年要比前几年控制得好很多……。老先生沉思片刻，提笔就在药方单上密密麻麻地写了很多药名，起初心里想中药就是不一样，一次

要吃这么多种药，但后来才渐渐明白，老先生是在开必须自己回家煎熬的中药处方。我执意说自己经常出差在外，不能保证每次准时煎药吃，老先生较为遗憾地说那你就多花些钱，买医院为你煎好的中药，因为量比较大，一次最多只能开一星期的药。对于一个月内大部分时间不在国内的我来说，这种方式也不适合，只能解释道，经常一出差就是半个月一个月的……。最后老先生很无奈，只好开了中药丸："知柏地黄丸"和"大补阴丸"，足足够吃两个半月的。但是在吃到一个半月时发现还是和原先一样，无论你如何用药，如何保证睡眠时间，如何控制工作强度，到该发病的时候还是"准时"发病，没办法只能求助一些"祖传秘方"。朋友儿子也发来短信："章叔叔，一（以）下是药房（方），金银花、白菊花、连翘各20克，夹甘草、大黄片各15克，带茶饮，祝早日康复（^_^）！"这又让我想起不久前老中医密密麻麻开药方的情景。此后炜民还拿来足足一大瓶"蜂胶"，每天用筷子蘸一滴，说是能提高免疫力，但又立刻板起脸非常严肃地说：一次用多了会被毒死！……。但这些都好像是远水解不了近渴，效果均不理想，就这样时间一天天地过去了，病状还是那么有规律的定期"到访"，真有一点无可奈何。

又过了一段时间，正好赶上母亲换了新保姆，50多岁，人很耐心，各方面都还好，就是有一点让我很惊讶，母亲换新药时，每日几次、每次几片等等最简单的说明都无法看懂。好在哥哥一家在北京，有什么急事的话，还可以赶过去，但这个年代还能碰到不识字的人也真不太容易。到底新保姆能否护理好母亲？心里还是有些担心。有一天像往常一样，从大院食堂打了些饭菜带回家一起吃。发现新保姆一点也不碰剁椒炒鸡蛋，就主动帮她盛了一勺，这时见她急忙示意不能吃。问为什么？她说吃一点辣的东西就发口腔炎。什么？当时有点不相信自己的耳朵，又补充了一句这菜一点都不辣，可她还是坚持说一点辣的都不行……。难道我也是因为吃了辣的东西，才会发口腔炎的吗？从小确实不能吃辣的，留学日本后，认识了同研究室的韩国留学生，开始学会吃辣椒。过去辣的东西吃多了，肚子就很快有反应，但是无论如何也联想不到会发口腔炎。带着半信半疑的心态，决定禁辣一段时间，没想到真灵，此后就再也没有犯过口腔炎了。

现在世道都反了，什么国内国外的名医院、名医生、老专家、祖传秘方等等都不如大字不识的文盲的一句话。真是"有理"说不清，还是孙筱祥先生说得好："三人行必有我师，Student（学生）是真正的学者，做一个学生呢，其乐无穷！"

那还是刚来日本不久的事，住在东京中野区的一栋简易木结构的房中（アパート），一层租给了一个临街书店，二层是10个单人间住房，有一处公用卫生间，每间住房进门均有一个很小的玄关兼厨房，再往里面走就是一个4.5畳（7.29平方米）的连睡觉带起居在一起的不带洗浴间的标准穷学生住的房间。使用的电器家具都是人们用过的放在路边收集站的废弃品（粗大ごみ），因为一层是书店，所以二层住户的专用出入口设在侧面，相互一点都不会有影响。

刚到日本时，房东强调的第一件事就是分类垃圾的规定和投放时间，记得好像是一、三、五是可燃垃圾，二、四、六是不可燃垃圾。每两周有一天是可以扔不用的电器家具，其中大部分都是可以使用的，这也就为我们这些初来乍到的留学生提供很多再利用的机会。垃圾投放处离住房只有40多米远，每天出行时顺便把垃圾扔掉，十分方便。由于日本乌鸦很多，所以一般都要求在早晨扔垃圾，此后很快垃圾车过来把垃圾收走，这样就免得乌鸦把垃圾翻得满地都是。

因为房间里没有洗浴设施，所以每次都是晚上回家后再去附近的投币淋浴房或公共浴室洗澡。记得有天晚上回家上楼到一半的时候，斜对门的住户（也是一位中国留学生）正好拿着一个大包往下走，因为楼道很狭，平时两人将将可以错身，但那天有一个大包，怕是很难错身过去，所以只好一直退回楼下。那天也许是天气晴朗，借着月光隐约地看到大包装得满满的，而且是个名牌包，简单地打了声招呼就错身而过。回到房间后，休息了一下，就拿上换洗衣服去淋浴房洗澡，当经过每天出入必经之路上的垃圾投放处时，惊奇地发现了一个大包，刚才回来时还没有任何东西（一般晚上不准投放垃圾）。心里想是谁不遵守规定提前扔垃圾的呢？因为是骑着车，也来不及仔细看就一晃而过。投币淋浴房是按10分钟为一个单位进行计时的，所以前后加起来不会超过20分钟。回来时再次经过垃圾投放处时惊讶地发现那个大包还在，而且正是刚才斜对面住户拿的那个名牌包，天呐！为什么把这么好的一个名牌包扔了呢？一边想着一边骑着自行车穿了过去。回到房间后越想越想不通，明明还挺好的包为什么就不用了呢？真是有点儿怪，来日本之前就听说日本的电器家具都可以捡到，对留学生来说真是雪中送炭，不用再买了，不过，能捡到名牌包，好像还没听说过。出于好奇，迫使自己非去再看看究竟不可，于是便出门下楼又回到扔垃圾的地方。当时真不敢相信，那个包确实是刚才斜对门的人拿的包。在垃圾投放处来回走了好几趟，确定四周确实没人的情况下，终于拿上这个包就往回走。包里装了些东西，但不是很重，边走边想这回白得了一个不花钱的名牌包，暗自高兴。一口气赶回了家，关上门后，终于才真正放下心来，这包就算是我的了，并迫不及待地想知道里面装的是什么东西？为此把它放在房子中间，小心翼翼地拉开拉锁，

里边黑黑的什么也看不太清楚。再拿到灯光下一见，天呐！里面装着各种涂料浸泡过的纱布团，包的内侧几乎被涂料染得五颜六色，纱布与涂料紧紧地粘在包内侧。而且还掺杂了很多粉末状的东西，并隐隐发出一股说不出来的味道。没二话赶紧拉上拉锁，趁人不备，迅速把这个名牌包又放回了垃圾处，好在这一行动没有被任何人看见。回到房间后，也许是因为刚才精神太集中，再加上下来回跑了好几趟，突然感觉有点口渴，没办法还得下楼去买一趟饮料。当刚走下楼梯口时，惊奇地发现那个刚刚被我放回去的名牌包居然又被我隔壁房间的一位日本人拿了回来，当时有些不敢相信。走过垃圾站时又确认了一下，确实包不见了。没想到日本人也捡"东西"呀！

第二天早晨当我再次路过垃圾投放处时，终于又看到那个非常熟悉的名牌包，真不知那天晚上这个"包"要经过多少道人之手。

2008年12月的一天看NHK中国系列节目，其中有一集讲的是西藏巡回放映队的故事。播出时期均安排在晚上11：00~1：00（深夜），一直想去西藏，但是直到目前还未实现。此节目是介绍每年一次的巡回放映队在7、8月份巡回15个村寨，为当地的藏民放映电影。所有的村寨都是靠步行，在这个村放映完后，就等下一个村寨的人来接。因为每年只有两个月的时间可以利用，如果几天过后下个村寨还未能来接的话，就只有背着150千克的器材自己走过去。一般移动要一天时间，放映两三天，15个村寨走下来正好两个月。放映队实际上只有2个人，每次都会给村寨的人带一些小药品等日常用品。影片中风景绝美就不用说了，最大的冲击是人与人的情感交流，生活节奏虽然没有城市中这么紧张，但是每个村寨包括

路上的时间最多也不能超过4天。整个过程中时有联系不上的情况发生，不过事后却从来也不会有什么怨言，互相好像有足够的理解，最后大家合影留念的照片要等到下一年再来放映的时候才能收到。有时放映途中发电机出了问题要抓紧修理，以致当日的放映时间延续到深夜1、2点钟，大家也没有任何异议。人与人之间虽然语言表达不像现在城市人那样丰富、浪漫，但给人的感受是无限的真诚。其中有一个村寨已通上了电，各家也基本上每天能收看电视，所以来看电影的人几乎全部都是孩子们。当记者问及再过几年如果各个村寨都通上了电的话，巡回放映的活动是否还会继续下去时，得到的回答是"还会继续"。因为他们坚信露天电影已不仅仅是看电影，而是一年一次的朋友相聚，一年一次的村寨节日……。

虽然节目结束时已是深夜1点多钟，但自己却久久不能入眠，想想当年上小学校时看露天电影的情景，人很多时，在背面看也是常有的事。那时人们对物质与精神生活的追求强烈而又不强求，每天的生活平和中充满幸福和满足，一直到上了大学还有露天电影。当时班里有位同学总习惯带些白开水，边看电影边喝，不过学生宿舍里没有专门装水的水壶，所以经常找一些空酒瓶装白开水，在放映过程中互相传递着喝"水"。有一次，班上的两个同学像往常一样一起去看露天电影，据说当天放映的片子是一部描写爱情悲剧故事的朝鲜电影。电影开始后在场的很多人为电影情节所感动，甚至落下热泪。其中那位习惯带水的同学在班里最活跃，整天打打闹闹，又十分具有组织能力。对当时电影中爱情细节的描述不会太关注，只可能是夏天天气较热，需要补充水分，整个放映过程中不停地举瓶喝"水"。这一举动一直被坐在斜背面的几位中年大妈看在眼里，原本很感人的电影，特别是对中年妇女最具吸引力的纯爱情片，不知道为什么那天对她们好像并不太具吸引力。而奇怪的是每当同学举瓶喝水时总会引来这几位中年妇女的关注，而且还在不停地议论着什么？最后到了电影快结束的悲剧高潮，这位同学又举起瓶子喝了一口，还没等喝完，只见这几位中年妇女一起上前夺过瓶子，齐声劝道："孩子！别喝了，遇事要想开，你还这年轻，又是大学生，今后的路还长着呐……"。当时弄得一起去的同学们一头雾水，后来才知道这些中年妇女也许自己的孩子基本上也是同龄，所以从一开始就误把装在酒瓶里的水当成酒。如果真是这样的话，什么吃的也没有，一场电影看下来一斤白酒进肚，那还真会出问题。记得很清楚，后来查看了一下那天用来装水的酒瓶，正好是大家都知道的北京高度二锅头酒瓶，也难怪旁边的中年妇女们从一开始就误把他当成在喝闷酒。

再想想现在，社会发展了，物质生活水平极大提高，使得人们不用再在露天看电影了，取而代之的是舒适的影院、3D电影，能看露天电影却成为一种奢侈。然而当年那种人与人之间的自然、亲切、素朴的关系也在渐渐消失，人们没有自己的时间，整天成为工作的奴隶，难道这就是过上了幸福的生活吗？想想西藏村寨自给自足的生活，想想自己小时候的露天电影时代，再看看现在的儿童、年轻人，到底什么是衡量幸福的标准？似乎一时很难回答上来！！！

（部分引自：《北京林业大学园林80级同学"相识30载"纪念》一文）

# 一定要第一吗？

2010年，日本电视台出现最多的一个镜头就是有中国台湾血统的女议员莲舫的一段讲话镜头，"……一定要第一吗？第二就不行吗？"因为她特有的严厉表情及极其尖锐的演说风格，让所有日本人，特别是45岁以上的中年大男子极为吃惊，且不说她是否完全失去了传统日本女人的温柔，其言语本身就足以引起全社会的深刻反思。

莲舫议员是在代表当时执政的民主党执行削减不必要国有战略计划行动中，强烈要求将面面俱到的极其庞大的国家预算进行合理的缩减，已达到更有效的综合发展。其中对"多项"计划的目标提出争做"老二"，可将节省下来的资金用在更急需的方面……。这就让我想到中国近来的发展，1998年刚回国时，听到的项目汇报的目标均为全市第一、省内优先、贴近国际。但时隔

仅10年的功夫，2008年的北京奥运会，可以说是空前绝后的盛会，2010年上海世博会又以246个参展国被誉为世博史上参展国最多的一次大会。并预计入园人数也会超过日本大阪的6000多万人次，达到7000万（实际实现了7300万人次）成为又一个世界第一，第47届IFLA苏州大会也有3500人参加，再创一个世界第一（除第46届与全美年会一起举办时达到6000人以外）。中国游客海外旅游从几年前的"罕见"到现在人均消费全球第一。一个日本人在电器店的一次消费平均700人民币，而中国旅客的消费（也许是特例）达到7万人民币（当时汇率为100万日元），相当100个日本人的消费。用日本电视台记者的话来讲，一个中小电器店一天只要好好接待5位中国游客就会让半死不活的电器行业起死回生。不仅如此，宾馆饭店也

17

一样。2010年春节期间位于东京中心，可以看到东京塔和皇宫的"东急饭店"最好朝向的300间套房全部被中国游客预定。为此"东急饭店"集团要求日本全国的连锁酒店必须在春节前安装上能接收中国卫星电视的设施，目的是确保中国游客能看到春晚的直播……。而且这一势头越发不可收拾，中国政府也从2010年7月开始大量持有日本国债，那些东京的高级住宅，能看到富士山的高级别墅也纷纷被中国"成功人士"所定购。2014年日本放宽了来日签证的条件，中国的游客再次掀起了购买热潮，被誉为来访外国游客中个人消费最高的国家。为此日本各大新闻媒体都以"爆买"形容中国旅客。而且"爆买"一词被评为2015年的最流行语。与此同时，也不时报道了很多负面的新闻，总之最终让人感觉非常的不舒服，也许这就是日本文化的表现。中国在今后的发展中会更多地成为世界第一，但是否什么都一定要做第一吗？

纵观我们的行业，同样也是在争做第一，本人并不反对争做第一，但是为了一个毫无价值的第一，不惜投入一切人力物力的形象工程，处处可见，特别是一些地方经济较好的城市，又被无情地变成了一个个大工地。

现在的中国往往一条好好的城市主干道，一定要改造成第二个长安街，且不说最终效果如何，拖至一两年的封闭式改造工程，给当地居民日常生活带来了多少的不便？还有所谓的靠山吃山、靠水吃水，有个地方产石材，上面的领导视察时随便说一句这么多的石头，为什么不做条石材大道。没想到拿着鸡毛当令箭的县领导也真的心血来潮，决定花两年时间投入很大一部分县财政收入，新开一条全石材的主干道，不曾想县里还有多少人在为最基本的日常生活而整日奔走他乡。这种情况下的"第一"到底意义何在？难道不值得包括我们设计师在内的每一位参与者冷静思考吗？

我们所从事的行业是以人与自然可持续发展的共生环境作为最终目的，有很多世界第一可以去争取，例如："世界最安全的城市，最舒适、便捷的城市，最低负荷的城市，最节能的城市，最环保的城市……"。而这些"最"（第一）的"主人翁"，不仅仅是人类，而且应该是人与自然的共生体。

# 河豚

河豚在日本是高档菜系中不可缺少的一道佳肴，主要以生吃或涮锅为主，冬季正是吃河豚的好季节。还记得几年前国内朋友来日本时，大家一起吃的河豚宴，又生吃又涮锅，再加上酒水自助，一餐下来大家都喝得差不多了。因为日本酒的度数一般在十几度左右，喝起来不太有"感觉"，但后劲很大。我和两位日本设计师吉村先生和吉田先生（PLACEMEDIA）坐电车回家，中国朋友就回在附近的酒店。但当我们不知不觉绕着池袋车站转了3个来回也未找到入口时，不期而遇地撞上了刚才分手的中国朋友。原来他们喝完酒的后劲也上来了，根本找不到回酒店的路。当天就算我上了电车也怕是难以到家，凭着最后一点记忆，带着中国朋友安全地回到酒店，并倒在客房的床上，一醒来已是天明。后来听说，回酒店后还想出去即兴，特别是北林地景的李院长在楼道里高喊再去夜游，好在当时我已不省人事，成功地制止了又一次的"危险"行动。

事隔几年，国内也兴吃河豚了，但一直不太敢吃，因为时有日本新闻报道河豚中毒事件。不过前几天回国朋友聚会，被安排吃了一顿河豚，地点就在马奈草甸会馆。国内这几年的飞速发展，聚会已不只是吃吃饭。时间从下午3：30开始，先喝喝咖啡，然后看看画廊的画展，据说一年后初夏温泉等其他项目也会相即开业等等，到了晚上6、7点就开始就餐。因当天还有其他安排，所以只打算跟大家待到7点左右，没想到晚餐的菜单已下，到我要走的时候被告知再等等，因为河豚这道主菜马上就要上。没办法只好又坐了一会儿，很快河豚上来了，是一人一整条，而且是较大的那种。在日本从来没有看过吃整条河豚，而且我只吃一点鱼肉，护胃的河豚皮根本吃不来，乡下老进城，真是不可想象的"奢"。日本的餐馆河豚都是被放在最明显位置的鱼缸里，一晚上整个店里的客人都是吃这一缸里的河豚，好像永远也不会吃完。如果像中国这种吃法，只要不超过三四桌，一缸的河豚怕一条也剩不下。

从吃河豚联想到中国的饮食文化。同样是中国菜，在中国的不同城市、不同餐厅永远找不到完全一样的菜品。味道永远是保持各自的特点。不像麦当劳的汉堡包；肯德基的鸡腿、鸡翅；吉野家的牛肉盖饭（牛丼）等等无论走到世界的哪个地方，都是一个味道，也许这就是中国饮食文化的魅力所在。但是从河豚，包括鳗鱼（河鳗）的做法，不禁让我感到吃惊的是似乎都是全国"统一"的做法。具有深厚文化底蕴的中国菜不知不觉都在像洋快餐看齐。完全失去了各自的特点和厨师的绝技，就像把"书法"说成"大字"一样，完全失去了原有的品位。由饮食文化联想到规划设计行业，不也是存在着这种现象吗？难道是信息化社会发展的结果吗？现在无论走到中国的哪个城市，都可以看到十分相似的设计。这并不是说这些作品不好，只是想表达原本不同的区域、城市，有她不同的文化背景、风俗及各自特有的生活习惯。哪怕是邻近的地区也

一样，虽很相似，但还是不同的城市，它的文脉、山、水……永远找不到完全一样的"地方"。设计也许不存在完全"一样"的作品，但是设计师不只是去追求模仿优秀的作品，保持与其他作品不完全一样的做法，而是要从每个地区的不同点出发，探索挖掘其中特有的地区个性，并通过自己的设计表达出来。这才是每位设计师需要认真思考、冷静审视、锲而不舍、永不停息地追求自身职业的真谛！再回头看看自己的初期作品，在不断追求创意的同时似乎好像还是缺乏一些"特性"。一些与这个地区的场所相连的"特性"也许是确保作品生命力最重要的源泉之一。

中国菜的特点在于其各自的不定性、唯一性，任何人都无法完全取代他人，同样的菜肴，什么地方最正宗等等。这种无限的区别带给每位客人不同的感受，并使其永远保持无尽的魅力。可是就像这种快餐文化所反映的那样，具有中国特色和文化底蕴的空间场所正在不知不觉渐渐被全国（全球）统一的"产品"所替代，要知道设计师不是作"产品"的车间主任，只知道大喊高产、丰产，而是应该去作"作品"。千万不要把"河豚"这样的"高档品"当成快餐来做，无论在哪儿，无论谁做，均是同一做法、同一味道。这样再好吃的东西也会吃到厌倦！难道不是吗？

# 人挪活，树挪死

大家应该都知道"人挪活，树挪死"这样一句一直很流行的"硬道理"。特别是对我们从事风景园林规划设计行业的人来说，对树挪死感知最深。前几年曾流行过"大树移植风"，也亲身经历过移植的大树不能复活的沉痛教训。越是大树，成活率越低。一般的树虽能成活但也需要一定的缓苗期。家里院子中的4棵茶花，是带着大土球移植过来的，但是一直生长状况不佳。和人一样，身体弱了后抵抗力就下降，容易得病。一开始2/3的叶子发黄并相继落叶，也做了些补救方法，包括适当剪枝施肥，都无济于事。直到一年半后才渐渐恢复"健康"，自己长出了很多新枝和新芽。"树挪死"真是千真万确，千万不能随便移树了！

那么再来看看"人挪活"吧！记得很小的时候就听说过这句话，而且似乎也有很成功的"实例"，自己认为这是不可置疑的"道理"。但是上次回国时，班上的同学聚会，李总（公园管理中心总工）半开玩笑地对大家说，他前几天给局里年轻干部上了一次课，课上说道："大学毕业的同班同学都很优秀，有的一开始就被认定为培养的好苗子，发展前景极好。可后来这些"优秀人才"纷纷出国或调换了工作，剩下我们几个一直没有"动窝"的人，担任现在这些重要的工作岗位……。"他讲得太谦虚，李总本身就是一位非常出色的人才，现在的成绩是理所应当的。

细想想现在北京的设计事务所也一样，无论设计师有多大能力，不能踏实的工作，也许是永远无法回避的负能量。其中也有一两位设计师太急于求成，总感觉自己只要有两三年的工作经历，事务所的操作程序和模式就能掌握，从而过早独立。现在如何呢？不是又回去为别人打工，要不就是做一些实在是又不"挣钱"、又出不了作品的项目。永远只能以一些分包业务为主，几年下来，什么追求都没有了，剩下的只是拼命地为了生活而奔波。用日文说就是"贫乏ひまなし"（既贫穷，又没有时间），用北京话说叫"瞎忙"。

还有同样是非常优秀的学生（大学期间），但是毕业后，没几年就不知"去向"。放着"省规划院"、"园林设计院"、"大学教师"等职位不做，非要坚持自己的"信念"。结果怎么样呢？现在看看这些人，所谓的社会"自由人"，好像社会并不接受他们。年轻时还可以，但是到了四五十岁似乎难以再称之为"自由人"了，反之好像越来越不"自由"。过去的年代是为了过上更好的日子而努力，现在呢？平均生活水平已有很大提高，人们已没有必要为所谓更好的生活而"挪动"，相信不久的将来就会进入"安居乐业"的时代。人生的价值又体现在什么方面呢？我想应该是对社会的贡献度吧！到那时，人们会积极地参加社会公益活动，争当社会"义工"。人与人之间的利益关系也会减弱，既不需要为人情关系被动地去做一些事，也没有必要为利益关系去什么都做，人与人之间应该是更平和的关系。历史与事实是最可靠的真理，过去的"人挪活，树挪死"是否也应该改为"树挪死，人挪也死"更为准确呢？

［引自：《当今社会的生活哲学》，风景园林，2012年2月，Vol 97，156～157页］

# 我们"庄里"的同龄人

1980年秋天，我到当时的北京林业学院园林系学习（现：北京林业大学园林学院）。虽然高中在中国人民大学附属中学读书，但对离它不太远的肖庄、五道口确实很陌生。那个时代活动范围不大，要想买好一点的东西只能去王府井、前门。而体育用品则要去王府井北口西北角的"利生体育用品商店"。

一开学就进行美术考试，我这个人从小爱在"外面"玩，什么都玩，但什么都不精的人，小学的时候唯一接触过的室内活动就是专门为班里黑板报画过插图，不过几何体的素描是第一次画，当时画得如何自己已记不清楚，想必一定不会太好，因为班上有几位同学画得非常专业，后来被分到设计班才知道那是在分班考试。

学生时代印象最深的几件事一直记忆犹新，首先是美术课李农老师、谢老师。李老师的湿画法和谢老师的色彩把握，实在是绝妙无比，也许是老师画得太好，作为学生的我从一开始就觉得没有信心，找到画水彩的感觉也已是毕业后两年的事了。当时色彩画得最好的当属沈大公子，而且书法也非常好，还会刻章。从那时起才知道对文化人来说这三者不可缺一。记得受沈大公子的影响曾跟他一起跑到北京工业学院（现：北京理工大学）专门去听刘炳森大师的讲座，可惜当时没能坚持下来。

教设计初步的是刘志勤老师，用针管笔制图要求线的粗细一致。最难的是线与线的连接处，不是连不上就是画出格。从小在外"野"惯了，这种细巧的活儿实在是有一定的难度，一开始，每每看到其他同学的作业，总感到很愧心。但没想到后来慢慢习惯了，居然也能画出一手极像"庄里"小女人绣活的作品。教气象课的欧老师十分平易近人，我们当时在中关村小区做24小时监测，从来没有接触过仪器的我们，慢慢地也学着会做些简单的测试。因为是24小时的连续监测，记得有生以来第一次看到同组的炜民同学睏得在读到最后一个监测数据时，进入睡眠状态，而且在不到5秒钟内就已是呼声四起。最后课程结束后我们还专门帮助老师单独在百花山山顶建了一座简易气象观测站。当时正值盛夏，可山顶还要盖被子睡觉。测量课也很有意思，仪器的使用方法是在林大运动操场上学习的。首先是水平仪的使用方法。男同学负责扛着沉重的标杆到几十米远的地方，竖立起来直到从水平仪中读完数据为止的力气活。女生们则主要负责读取水平仪中的数据即可。扶直水平仪并尽量垂直地面看上去不难，但实际做起来才知道是个重体力活，没几分钟就大汗淋漓。可对面的女生们却迟迟不下结束的命令，更奇怪的是每位女生似乎迫不及待地争着通过水平仪读看标杆上的数据，而且每位看后的女生们都强忍着表情在细声细语地嘟囔着什么？最后实在坚持不住便大声喊道："有完没完，快点……"，这时对面的女生们终于忍不住放声大笑起来。一头雾水的我后来才知道从水平仪看出去的人都会有些变形，原本手脚不长的我，水平仪中的成像真可谓现代版的"武大郎"，难怪4年中一直没有交

上桃花运！

由于从小淘气，红卫兵与红小兵都是最后一批加入的。对政治课一直不太感兴趣，旷课是经常发生的事，就连最终的考试辅导课也不去上。当时的老师是位刚分来的年轻女教师，据说家里是高干，有一点"老革命"的威严，考试前得知被老师列入黑名单，无论如何这下得认真准备，便把当时所有复习题都按照高考参考资料集的标准答案背得滚瓜烂熟，但是最后老师还是只给了58分，非让再考一次不可。当拿着有标准答案的参考书向老师解释时，她的回答很坚定：不按我讲课笔记答，就算不正确……。对比起来不像数学老师，虽然不太认真听课，但最后还是给了班里唯一的100分满分。也许数学与政治从根本上就是两门完全不同性质的课吧。

进入专业课后，印象最深的是孙筱祥先生与孟兆祯先生的课。孙先生的课非常有激情，讲过花港观鱼，讲过地形的曲线变化的美，讲过"移情论"。孙先生把地形变化的美形容成女人的肚皮，这对于我们学生来说是既直白又朦胧的形象比喻，但是在当时那个年代，系里有一定的反应，负责学生思想工作的书记姓林，瘦瘦的，长得有点像1960年代的林彪，同学们都爱称他为"林副主席"，很浓厚的口音，勉强能听懂。记得当天晚上，"林副主席"满脸严肃，又略带一些愤怒的表情走进教

室。拿着几本人体素描画册对在场的学生进行了一场深刻的思想教育，具体的细节已经记不太清楚了，但核心的内容还历历在目，大意是：对所谓的以艺术为招牌，大讲人体美学、裸体艺术，这些在园林专业是行不通的，并特别指出有些老师在课堂上甚至用"银灰色"词语来描述自然美的地形，同学们一定要提高"警惕"，擦亮眼睛，分辨事实……。当时"银灰色"一词确实没太明白是什么意思？直觉告诉我们也许就是指所谓的"黄色"语言吧！直到前几年的一个偶然的机会才终于弄明白"林副主席"当时说的"银灰色"语言正确的写法应该是"淫秽色"语言。

孟先生的课十分严谨，且时间把握得非常准确。讲到黄山迎客松时，提笔就在黑板上画了几棵，实在是太美妙了，就像孟先生爱唱京剧一样，永远充满活力。孟先生洪亮的嗓音，无论在多大的教室，最后一排也一定能听得很清楚。当时第一次看到孟先生带研究生作的承德避暑山庄的答辩，孟先生指导下做的模型实在是绝妙逼真。特别是用电烙铁烫出来的假山永远是那么栩栩如生。园林建筑课是金承藻先生讲的，金先生的风格与其他老师不太一样，犹如其人，有时还很幽默。什么时候都不紧不慢，后来才知道是金少爷出身。记得他在解释拙政园正门入口障景时，赞不绝口，问为什么好？他说："就是好"。

贵族就是贵族，有很多表达当时较难理解，但现在想想还是可以理解的。城市规划课是请当时清华大学建筑学院的赵炳时先生讲的。开课前总认为清华的老师应该很严厉，但赵老师的课也许是安排在下午，而且每次都是放幻灯，教室都拉上窗帘的缘故，有大约一半的学生在打瞌睡，不过从来没有看到赵先生说过学生，直到我留学回国到清华任教时才了解到，清华的老师不是严厉，而是学生都很尊敬老师。

最后，要谈谈毕业设计指导老师黄庆喜先生、梁伊任先生。特别是梁先生，现在与三十几年前没有什么大变化，只是头上更显"聪明绝顶"了（请老师原谅）。两位先生配合十分默契，好像思维是一个人，永远"步调一致"。当时模型做得非常之大，两位先生亲自上马，用电烙铁烫假山，还叫来宫晓滨老师帮忙，宫老师看我们的透视图不太好，拿两只马克笔随便画了几下，顿时成了另一幅画。当时我们组有6个人，育林是组里最活跃的人，也不知是什么原因从什么时候开始，电影《牧马人》中的"郭屁啊子"竟成了他的绰号。毕业设计做的是柳州龙潭湖公园的规划，一开始住的是柳州宾馆的二层小楼，据说这里是专门为中央首长服务的。我们来不及将野外的泥土弄干净，就匆匆地进入大厅。当沿着大厅的旋转楼梯上楼时，看到下面的红地毯已被弄得狼藉不堪。还没等我们在房间坐稳，服务员就进屋很礼貌的将床上的高级铺巾收走，也许是怕被我们这帮"庄里"人弄脏吧。可是第二天再返回房间时，被收走的高级铺巾又重新出现在每个人的床上。同时还发现床头柜上的便条纸，把今天"向市相关部门领导汇报"写成"向市长汇报"。也许是被服务员看到后，感到不能怠慢市长的客人，所以又把我们这群"庄里人"当成贵宾看待。想必这招一定是"屁啊子"干的，很可惜今世再也没有机会感受到他超人的诙谐和智慧了。

最后的最后，想特别提一下当时植物班有一位也许不太为人所知的全校最有名的桥牌高手张铁楼，我和他配对经常参加校内或校外的比赛。真有些想不通，他平时大事小事都糊涂的人，每付牌从第一张出到最后一张却都记得清清楚楚，每次失误基本上不是他的责任，但总是争辩不出结果，最后他给我取了一个外号叫"口条"。每次通宵达旦时总少不了打篮球的体育老师史小东，奇怪的是从来没见他上过场，不过他会不时说一些俏皮话活跃气氛，后来成为非他在场不可的局面。有一次他说到他们大学篮球班毕业实习的事。他们班里有位从来没人疼没人爱的老大哥去的那个学校正好赶上排球比赛，学校把大学科班出身的"老大哥"当成宝，一定要让他当裁判。据说当时也许是很久没被大家当成"人物"来看了，居然在全校大会上当面向校长表决心道："虽然我是打篮球的，但排球的规则我全懂，就是有一点不太清楚，请问排球比赛一场几分钟呀（晕）……？"此事也已过去了三十多年了，但至今还记忆犹新。

由于那段时间过于热衷桥牌，当时也正好赶上政治课要补考，他好像成绩也非常不好。此事被系里的"林副主席"得知后，传信要找我们谈话。这回坏了，一定是打桥牌影响了学习！来到"林副主席"的办公室时，我们忐忑不安，"林副主席"问我们每星期打几次、都是星期几打、校外与谁打、校内还有谁参加？我们支支吾吾地回答了上述的所有问题。"林副主席"显得有些不耐烦的样子，在我们还没有说完的时候打断了我们的回答，追问了一句：下次你们什么时候、在什么地方、和谁打？我们想这回彻底完了，如实交代吧！"林副主席"听完后说："嗯！你们的情况我都知道了，下回打桥牌我也参加，我是打'大梅花'的……"。天呐，当时我们目瞪口呆，喜的是没有把打桥牌当作"事件"来处理，忧的是我们没有一个人会打"大梅花"。最后我们到书店把全部12种桥牌打法的书都买回来突击"学习"。其实"林副主席"真是位好人。

［引自：《北京林业大学园林80级同学"相识30载"（2010年）纪念》一文］

# 李兄

李兄（化名）是大学的同学，来自杭州，性格上既具有南方人的细腻，又有北方人的粗犷、豪爽。不是死读书的人，为人十分诚挚，至今还经常打电话问候大家。记得大二的一段时间，他就坐在我右后方。有一次"气象学"考试，他使尽浑身的解数，不光"问前问后"，"还不时瞟几眼"课堂笔记。并很幸运地躲过监考老师的目光，最后成绩好像是全班第一。这下可引起了一阵不小的风波，平日天天从早到晚刻苦读书的优秀小女生们，更是百思不得其解，纷纷跑来"取经"。原本想做了贼就别卖乖了，说句"是瞎猫碰死耗子，撞上了"也就了事了吧。可没想到他却十分正经地对着那些拿着笔记本，专心致志准备做笔记的优秀小女生们说："学习一定要抓骨头……"。

大学毕业后他被分回老家，进杭州园林设计院一直工作至今。很早就听说他从杭州的几个最初的房地产项目做出了名气，我正好2002年左右做仙居国家级风景名胜区规划时必须从杭州转乘大巴，有幸跟他见面，并被邀请去他那能看到钱塘江的复式（2层+阁楼）大豪宅做客。记得他见到我的第一句话就是："怎么还做风景区规划，现在白送给我都不做"。一别18年真是一点都没变，还是我们的老李兄。在一层大厅坐了一会儿，去楼上看看，二层是李兄的书房，宽大的房间中放了一个无比巨大的"老板桌"，我顺口说这桌子可真够气派的。这时李夫人抢着解释道，我们家的先生在单位总是当不上官，只好在家里享受享受……。还是老样子，永远变不了。

2003年非典，也不知是谁的主意，在灾情最紧张的时候，召集班里大聚

27

会，说是只要不到人多的地方，最好是空旷的地方，就会很安全。最后把聚会地点选在颐和园昆明湖的船上，备足水和干粮，准备在湖上漂一天。上船不久，好像是炜民先接到李兄的电话，他在电话那边以很沉重的语气问候灾情，并嘱咐千万注意自身的安全等等。这时炜民跟我们使使眼色，顺水推舟地说，我们现在逃难，刚到萧山机场（杭州），正要给你去电话，来机场接我们吧！对方有些半信半疑，追问都是谁，炜民说，如生、铁楼，还有老章。对方挂了电话，马上如生的电话又响了，是李兄的确认电话，因为正好在一起，当然是统一"口径"，我们在萧山机场，快来接。对方又挂了电话，我们想他一定在想是保"老命"要紧，还是朋友第一。

在湖上漂了一段时间后，大家决定还是上岸找一个地方坐下来好好休息一下。摇晃的船上吃也吃不好，还是不太舒服，这期间总是不断接到李兄的电话，每次我们总是说快来接，可他总是不正面回答我们，一直怀疑我们讲的话到底可信度有多少？但是又怕真到了，不去接会被我们骂一辈子。当时颐和园周边的饭店全都关门了，唯有北宫门的"西贝莜面村"还在营业。进店后更感觉不习惯，因为所有的服务员都戴着大口罩，作为顾客的我们则没有一个人戴。而且端菜的服务员更过分，帽子、口罩、眼镜、手套，从上至下全副武装，好像在电影里看到纳粹把大批的犹太病人送入无人区似的。正在这时李兄又来电话了，你说他这一天烦不烦，有这功夫早就能跑几趟机场来回了。不过这次和前几次不太一样了，上来就说大家联合起来骗他，我们这边不会就这样认输，坚持说一直在机场等他，可他也动了些小脑筋让我们打车进城。这样一来不太好说不行，只有坚持说李兄你真不够朋友，关键时刻"见死不救"，其实这是李兄最不能接受的话（因为他是非常够朋友的人）。对方又半信半疑地挂了电话，等我们聚餐快结束的时候，他又打电话，上来就说："你们欺骗我"。这回无论如何编故事，他都很坦然地应对我们，也许是真的识破了什么？但是想想也不太会有什么蛛丝马迹被他识破，最后还是把事情挑明了。也不知道他从哪里弄到我们当中谁的夫人的电话，才得知今天大家有聚会……。想想看，这事也只能用在他身上，换其他人早就听出破绽了，真是没变，还是大学时代的李兄——朴实、善良、热情、友爱。

# 百姓的设计与第三场所

"百姓"的设计是（日）进士五十八先生在《农的时代》一书中提出的[1]。"百姓"在常人看来并不是一个褒义词，房地产开发中经常会出现"打造中国第一富人区"等口号，面向百姓的住宅也称之为经济适用房。但我一直认为百姓是一个非常好的词汇。在大学的教学中极力提倡"百姓"才是真正的生活原型和追求的理想。这不禁又让我想起小时候，可以在运河里扎猛子，斗蟋蟀，拍三角，打弹弓……这一幕幕场景已一去不复返，如今的运河变美丽了，整齐的护岸，混凝土的河床，坚固的护栅，笔直的游步道……但是我们再也不可能去河里捞蚌壳，扎猛子了。虽然现在人们的生活水平普遍有很大的提高，不过这并不意味着人们就都很幸福，有些人经济上很富有，但精神上却极为贫穷，没有自己的时间，成为"工作"的奴隶。这不禁让我们联想起北京的一副对联："天棚鱼缸石榴树，老人肥狗胖丫头。"这是悠闲、自在、平和、友爱的象征。当今中国社会经济高速腾飞，从全球的生产大工厂开始转型，出现超理智的消费……这样一种工业文明的时代中，人们需要重新审视"百姓"的意义，"百姓"的智慧，提倡"百姓"的设计。

第三场所（the third place）是当今包括日本在内的欧美国家谈论最多的话题之一。其最早被美国社会学家R. Oldenburg提出。如何使都市生活更丰富这一概念被"百姓"所接受。生活与工作被称为第一场所、第二场所，然而人们均希望寻找生活与工作以外的第三场所——人们利用方便，可与工作关系以外的朋友轻松交流的场所。与此概念相似的还有slow space, care space等。

这些均说明了生活在城市中的"百姓"的渴望。尤其是对于大都市中处于亚健康状态的人群来说，可谓是最有效的灵丹妙药。当人类充满自信地炫耀"人定胜天"的时候，自然被无情地破坏，当人类发现自己只不过是"万物中的一分子"时，全人类会不约而同地呼吁，回归自然……。近代城市规模的无计划扩大，自然不断地遭到人类自身的破坏，人类与自然界的关系已不再是从前的共生关系。人类，特别是生活在城市中的人，不太会认为没有自然就等于没有人类的生存，他们追求的是无止境的便利和舒适，但却不知这种追求是完全行不通的，也必定是不长久的。

其实这已不是什么理想主义的畅想，就在我们的日常生活中，现在可以发现甲方的要求也在慢慢发生变化，其中阿那亚（Araya）项目已提倡：有品质的简朴，有节制的丰盛，这样一种社区生活的开发模式。

参考文献：

［1］（日）進士五十八.農の時代［M］.東京学芸出版社，2003.
［引自：《从和谐社会，和谐环境所想到的——是创造一个环境，还是培育一个环境》，中国园林，2007年1月，Vol.23，No.133］

近来报纸上一直在谈论"社会责任"的问题，正巧，在飞机上看到了一篇《中国的责任，不是西方说了算》的文章，主要是指中国崛起的，当然要为世界发展承担责任。《京都议定书》中提出的限排$CO_2$的计划，当时并未得到包括美国在内的大国同意，细想想，地球被破坏到如此严重的地步，主要是那些发达国家在疯狂的发展阶段所造成的后果，到现在又开始叫大家一起保护地球，包括发达国家和发展中国家。但是作为发展中国家的中国到底要如何"负责任"。这是一个巨大的课题。欧美、日本等发达国家希望中国依照他们提倡的游戏规则办事，遵守他们的价值观，按照他们喜欢的生活方式或社会制度生活，并改变原有发展中国家的界限，称中国为"新兴"国家，这样也就称得上是他们认为的所谓"该负责任"的大国。

不错，中国这几年的飞速发展，使得这些发达国家不得不接受中国的存在，并在任何领域中与中国打交道。这种近呼无奈的"接受"条件，首先是让中国成为"负责任"的国家。但是不同文化、不同信仰和不同世界观，均可能产生不同的"责任"标准。一方面，一个国家是不是"负责任"，不能由少数国家说了算，也不是由西方说了算。另一方面，中国也应该去全方位地，尽最大努力地去"接受"这样的挑战。考虑$CO_2$的排放问题，首先要提倡全民的环保意识，提倡社会的精神文明建设，提倡和谐社会的发展原则。同时也要求每位从事风景园林事业的人都应严格遵循最小负荷的设计原则，加强环境教育，不能照搬西方文化的伦理和世界观，但也应该积极地去理解这些伦理和世界观，反之，对西方的负面评论也完全可以置之不理，任何一个加入"大家庭"的新成员需要去适应这个大家庭，同时大家庭中的每一位成员也有"责任"去理解和帮助这位新成员尽快地融入这个环境，这也正是他们应该"负责任"的地方。

追述：在本文成笔一年之后的2009年，即中华人民共和国建国60周年庆典的讲话中，胡锦涛总书记也特别向世人强调：中国是一个"负责任"的大国，也是从这时起，国外的各大报纸开始比较客观地评价中国的一切。中国也正在从"世界的工厂"向"世界的市场"转化。不过反过来想，实际上规划设计行业已早在十几年前就逐渐成为"世界的市场"。日本的几乎所有著名事务所都或多或少地以不同形式参与过中国市场的工作。为此，在不远的未来，坚信中国的设计也一定会走向世界，因为我们的学生每年在IFLA竞赛中的优秀表现。我们国内"随便"一个项目拿到国外均会让他们很羡慕，而且在方案表现阶段的纯专业技术水平已有一定优势。但是缺乏的是设计师自身的思想哲学和对生活的态度及来自世界不同国家更进一步的"信任"和"理解"。因为一个成功的事物，只有专业技术还不够，还要有更多综合的实力、国力做后盾。

近年中国的大发展是有目共睹的。生活水平的提高，使得人们对生活环境的需求也在不断提高。中国的建国十周年大庆，北京建了十大建筑，但40年后的建国五十周年大庆，北京却建了多处大型绿地、绿道。其中最具影响力的当属北京植物园中的"大温室"，而2009年的建国六十周年大庆，再也听不到六大建筑或六十大建筑之说，取而代之的是郊野公园和城市公园的大量出现。网上也经常会看到："……将建100个公园，人均绿地超……；……124个项目总投资额超2000亿；5万余公顷沙地全披绿；4000块绿地有了'护身符'；……鲜花将现'海鲜价'；……2009年投入123亿元，全市植树5亿株；……环京城建1000公里特区经济圈；赶超日美，环保将投3.1万亿；10年内兰州黄河湿地要'重生'；……市将建100个郊野公园……。"[1]迅猛的大发展像一场"绿色风暴"。似乎又让我们回想起"不怕做不到，就怕想不到"的年代，其背后却隐藏着令人震惊的环境危机。

据2010年的统计数据，中国的荒漠化土地已达267.4万多平方公里；全国18个省区的471个县、近4亿人口的耕地和家园正受到不同程度的荒漠化威胁。而且荒漠化还在以每年1万多平方公里的速度在增长。七大江河水系中，完全没有使用价值的水体已超过40%。全国668座城市，有400多个处于缺水状态。其中有生态环境恶化的原因，也有不少是由水质污染引起的。目前由环境污染和生态破坏造成的损失已占到GDP总值的15%，这意味着一边的9%的经济增长，一边是15%的损失。环境问题，已不仅仅是中国可持续发展的问题，已经成为吞噬经济成果的恶魔。

中国平均1万元的工业增加值，需耗水330立方米，并产生230立方米污水；每创造1亿元GDP就要排放28.8万吨废水。还有大量的生活污水。其中80%以上未经处理，就直接排放进河道。要不了10年，中国就会出现用水极度紧张的局面。全国1/3的城市人口呼吸着严重污染的空气，有1/3的国土被酸雨侵蚀。经济发达的浙江省，酸雨覆盖率已达到100%。酸雨发生的频率，上海达11%，江苏大概为12%。华中地区以及部分南方城市，如宜宾、怀化、绍兴、遵义、宁波、温州等，酸雨频率超过了90%。

在中国，基本消除酸雨污染所允许的最大二氧化硫排放量为1200万~1400万吨。而2003年，全国二氧化硫排放量就达到2158.7万吨，比2002年增长12%，其中工业排放量增加了14.7%。按照目前的经济发展速度以及污染控制方式和力度，到2020年，全国仅火电厂排放的二氧化硫就将达2100万吨以上，全部排放量将超过大气环境容量1倍以上，这对生态环境和民众健康将是一场严重灾难[2]。

在这种极为严峻的形势下，我们是否也需要一些"冷思考"。

首先是来自区域的环境力（local environmental capacity）。来自全社会自发，积极地应对区域环境问题的基础和潜力被日、美、欧洲等国家称之为"区域环境力"。在不同地区的每个区域，综合、战略地创造、强化"区域环境力"被视为今后的重要目标之一，并要求社会的每一成员自发积极地参与这一行动。它包括："人才"、"基地"、"信息"、"资金"及"社会机制"。用更通俗的语言表达即：提高区域整体可持续发展的意识及能力。为此在尊重区域自身特性的前提下，"区域环境力"是区域中的"各主体"所能创造出的最优环境或区域行动的意识和能力的总称[3]。其将基于可持续、丰富并且多样性的区域资源，从环境、经济、社会各层面提高整体的综合能力，创造出可持续的发展模式作为其最终目标。其中最为强调的是增加全民对环境问题的关心度，并付之具体的行动。区域环境力主要面临以下四方面的课题：

1．文化方面

保持地方独特的生活方式，特别是对多元文化交融的传统地区的关注与最大限度的尊敬。杜绝简单、粗糙且仅局限于样式及部分形式上的模仿，挖掘并发现地区的新魅力与资产，使得沉睡多年的无形文化得以重现。提倡外来文化的融和与自身固有文化的延续、发展，以及地区固有文脉的追求与展示，避免任何形式的非理性、轻率的行动和举措。

## 2．环境方面

安全、彻底地构筑生态系整体，而非个体、局部，且互不相关的所谓"生态恢复"。探索低冲击模式方法与入境，将人类活动行为对环境的影响降至最小损耗范围。开发建立预测未来、评价可能的模式系统及现场的管理监督系统。注重再生资源的利用与环境保护意识的提高及全民性的环境教育的体验活动。

## 3．经济方面

重新审视绿色产业的作用和功能，以发展的眼光看待提高社区福利共同开发。发展内需型经济，振兴地区经济发展的模式。城市生长的收容及全球一体化等的管理体系的建立。

## 4．社会方面

最大限度地回避影响地区环境、文化、经济发展的诸多因素，实现可持续发展的社会体系。注重观光、休闲、生态系统、交通、居住、工作等的历史性、传统性与现代性、便捷性；开发与保护；本土与国际；节能环保与奢华；注重质朴与名贵等共融的安全、安心、健康的街区创造。

以上所列举的内容，正是未来社会所面临的且无法回避的重要课题。那么人类应该如何面对未来的挑战，并以何姿态应对迎接这场挑战，是否也可以从"温故知新"中找到最适的答案。

参考文献：

［1］中国风景园林网，2009～2010年新闻频道.http://www.chla.com.cn/clist.aspx？cid=5

［2］佚名．令人震惊的中国环保问题.http://st.ggjy.net/lsjy/ShowArticle.asp？ArticleID=2.

［3］沓掛诚（2010）.地域環境力の概念と関連する環境施策の動向.環境情報科学.東京，2010，39：21-28.

［引自：《大发展中的冷思考》，中国园林，2011，27（182）]

# 2

吾人小作

## 明园

——第九届中国（北京）国际园林博览会设计师园

项目名称：明园——第九届中国（北京）国际园林博览会设计师园
项目所在地：中国，北京，第九届中国（北京）园博会
委托单位：第九届中国（北京）国际园林博览会组委会
设计单位：R-land 北京源树景观规划设计事务所
　　方案+扩初：章俊华
　　施工：章俊华　白祖华　胡海波　杨珂　于沣　夏强　程涛
　　　　　陈一心　余磊　高侃　马爱武
　　电器、给水排水专业：李松平 徐飞飞
施工单位：北京金五环风景园林工程责任有限公司
设计时间：2012年3月
竣工时间：2013年5月
用地面积：1000平方米

Ming Garden

在13亿中国人民的首都、全世界关注的北京，如何创作一个以"园林文化的传承与创新"为主题的场所？如何让"变"与"不变"互相交融？如何让"无形"变成"有形"？如何让"非日常"再回到"日常"？ 如何诞生看似平凡但又不平凡的作品……？在这些永远纠缠不清的话题中开始了我们的工作。

场地呈近似梯形又四边不等的斜方形，由于无法预测和控制周边复杂的空间环境，这里采用让出外围空间，简化一切异质的细部变化来衬托主景。并

尝试引喻中国传统思想文化——"天圆地方"，将北京特有的场域特征通过"圆"与"方"的形式组合把场地划分为"内·圆"、"外·方"的两组空间，借以表达人与自然的宇宙观。条带状肌理象征着养育人类的母亲——大地；黄色琉璃瓦的神韵洋溢着皇城的秩序；周边的沟带界定了城池，烘托了场所的精神。直白、整然、理性、日常是"外·方"空间的特质。围合式下沉空间营造无限的瞑思；垂映水池中的景象梦幻太空的偶遇；高耸的中央圆形场所再现小宇宙空间的存在。厚重、神秘、超然、

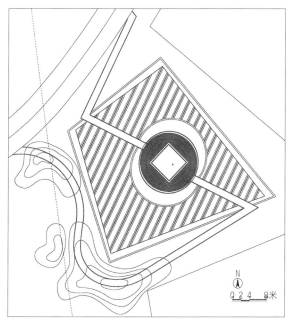

图2-1-1　总平面图

非日常是"内·圆"空间的特质。

环绕内外的园路提供了俯视、平视、仰视不同角度的场域观赏；硬质外露面侧墙与地面铺装均采用边条石材，追求材料自身的内在质感和统一性；10厘米的路缘石及侧壁与地面接壤处的凹槽强化了线形的规整；圆弧状分布的116棵杨树扮演着疏密变化的场景；顶高1.3米的弧形坡面将横向线条延续至纵向；1.5～2.8米的挡墙保持内、外场所空间的合与分、透与隔；7～8米高的杨树寄托着乡土的情怀；透过水中的琉璃瓦屋顶好似仰望星空。此外，林下错落有致的地被和石材板皮（废料）、进入下沉广场的过门石、时序性的水面雾喷、模拟太空场景的背景音乐、强化线形的LED灯带、同心圆均一式的铺砌、下沉广场的下沉水面、祥云图案的汉白玉池壁、水面上漂浮的雕塑等等，均传递了这样一种信息：landscape design不仅仅在于将自然界的存在进行再现，而是让这些存在能够被"看得见"（图2-1-1）。

图2-1-2　整然中的肌理，孕育着大地的生机

**项目访谈**

**对谈人：记者、章俊华（以下简称章）、杨珂（以下简称杨）、于沨（以下简称于）**

记者：博览会的设计师园您不是第一次参加，请您讲讲设计师园与您平时设计的作品有什么不同之处吗？

章：博览会的设计师园，实际上我参加的不多，这次是第二次。虽然比起第一次稍微有了点儿经验，但是做完第二次的明园以后还是总觉得不是很理想。设计师园与平时做设计的最大区别就是可以很单纯地去做一个作品。博览会的设计师园都要求有一个概念。因为平时做设计并不是特别喜欢提概念，只是喜欢做一个大家比较喜欢的场所或者空间。对于概念的话，并不是不想做，但是自己觉得做起来总是有点力不从心，为什么这么说呢？就是所有的概念不光要说的动人，而且最终都要给它形象化，必须用形式去表达。第九届北京园博会的这个设计师园提出的是天圆地方的概念，一个很普通的中国传统宇宙观。但实际做起来，特别是把它落到平面图上会觉得很别扭，"圆"加"方"完全是两种非常不好融合的一个结构，再一个想做空间的话也比较难做。但是通常在做设计师园的时候，大家肯定要求有一个很强的概念去支撑这个作品。这种概念与形式并无直接联系的项目的确有一定难度（图2-1-2）。

记者：博览会的设计师园要有主题性，是这样吗？

章：对，但这个概念如果是特别一般的概念，反倒觉得分量不够。如果找一个很好的概念又特别不容易去形象化，这是一直困惑在整个设计过程中的结。所以做设计师园，我个人感觉目前已经做的这两个园并不是自己特别顺手的一件事情。虽然做了两次，但觉得都不是十分理想，花的力气其实比其他项目要多很多，但最终的结果并不是很完美。

记者：如果再设计博览会的设计师园，会怎样处理概念阐释的这一部分？

章：现在想，如果再有第三次机会的话，很可能就不会先从概念出发，会尝试单纯地从一个场所空间出发，之后再往概念上靠，已完成的两个设计师园是从概念往形象走，现在觉得从空间、从场所再往概念上发展也许会好一些，如果真能这样做的话，没准会出现完全不同的效果（笑）（图2-1-3）。

记者：这次的设计师园您是怎样从一个概念衍生到一个实体空间的呢？

章：一个"圆"、一个"方"，其实最初落到图面以后是比较难看的。首先是不很协调（图2-1-4、图2-1-5），因为这次提供的场地是一个接近方的，但又不是全方，（记者：对）肯定是一个有棱有角的地块。好在选到的那块地是一个近似方形的空间，当时选的那个位置正好是一号地。以为是第一个被看到的地块，后来仔仔细细看了动线图发现是设计师园区的最后一块地（晕）。那个空间平行游步道，非常不好用，后来找组委会做了一个协调，把范围线稍微调了一个角度，占了一点儿公共的部分，又把一部分原范围内的用地划给公共区，调整后的场地接近一个"方"的感觉，完全套用了天圆地方这个概念，但不是正方。由于场地是"方"形，首先是先用一个方，那"圆"一定是外面的"方"再套"圆"，肯定是这样。套完"圆"之后，相当于一个天空的感觉，但是套完圆之后，下面该怎么做其实也很困惑。这次没有完全按照中国传统的造园手法去做多个变化丰富的空间，只做了一个空间，并把这个形状作为这个"方"空间的界限，公共空间与场地是融在一起的，没有领域感的围挡（图2-1-6、图2-1-7）。

图2-1-3 （上图）116棵杨树塑造着"非日常性"的纵向空间
图2-1-4 （右图）节点详图

图2-1-5　施工现场

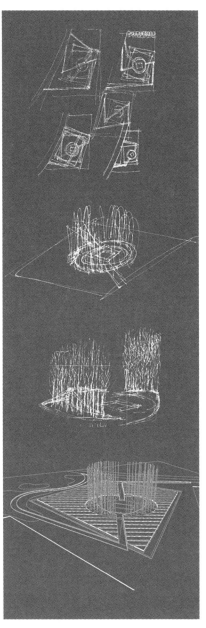

图2-1-6　左上图：整然中的肌理，孕育着大地的生机
　　　　　左下图：雾中的水池，洋溢着小宇宙的遐思
图2-1-7　上图：设计草图

记者：您的这个园子好像比别的1000平方米的园子要大？

章：一般的空间会有一个很明确的界限，会做一个墙或者会用植物材料围起来，内和外有非常明确的区分，这好像已经是一个定式，并被大家完全接受。但是我们这里淡化了这个界限领域，全部开放。为什么打开呢？是因为做第一个厦门园的时候印象最深的就是小，当时做的设计都是比较大尺度的，1000平方米的小园子感觉特别局促。这次也是1000平方米，但是旁边有三个大师园是2500平方米，1000平方米和2500平方米怎么做都会有大的差异性，本身就不好做，这次就更难做了。想尽量让这个空间感觉不是封闭在1000平方米里面，所以把界限完全从空间上打开了。但是地面的范围是有界限的，所以场所最后结束的时候是拿地面的石块勾了一个边儿作为结束，但是从空间上没有任何阻挡。不知道大家去没去过那个园子，如果去过，大家都会认为这个园子好像比别的1000平方米的园子要大，这是因为和周边的公共空间没有明显的区分。但跟2500平方米的那个园子比还是小（记者：笑）（图2-1-8）。

记者：恩，大了可以做空间。

杨：对，扩大了园子面积的确有利于设计空间和展示效果。可是这样的变化在实施过程中也制造了很多麻烦。首先是一次又一次地上会审批，之后又和相邻的航天园规划路发生了冲突。最终在组委会协调未果的情况下，以我们抢先施工赢得了占地的胜利。（记者：笑）随后新的问题又出现了，由于公共区是另外一家施工队负责施工，所以最终要由两家施工队共同完成。两家施工队在交叉作业时必然会产生矛盾，在交接处也会出现问题。所以除了现场指导施工以外，还要进行一系列的协调工作（图2-1-9、图2-1-10）。

图2-1-8 设计草图

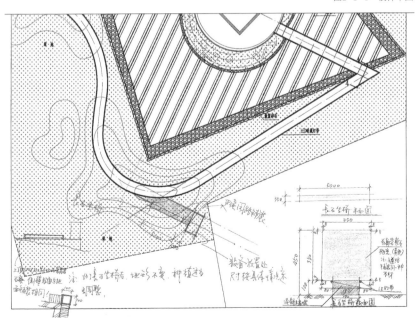

图2-1-9　方·圆组合的空间，编织着夜空中的神秘

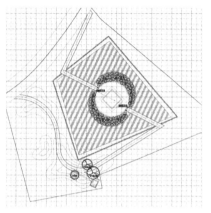

图2-1-10　上图：施工现场
图2-1-11　右图：调整后的平面图

记者：园子空间很小，您是怎样处理的？

章：我们的处理方式是没有封闭它并在里面做很多小空间，而是把它彻底打开，打开之后从外面任何地方都能看见这个场地。虽然没有做空间，准确地说是没有做复杂的空间变化，还是有空间的。外面是一个平的，到里面是一个半下沉的圆，外面的大地做了一个横向空间，到里面这个圆的地方做了一个纵向空间。我们用了116棵树，通常的表现手法可能是做一个比较明确的圆筒状空间，但是我们这里用树围合成一个圆筒。今年去看过一次，已经过了三年，现在去看那个纵向空间基本上都出来了，但是建成当年的效果好像弱了一点，虽然树叶也长出来了，但毕竟是用植物等软景做空间的话会在时间上吃很多亏（图2-1-11、图2-1-12）。

图2-1-12　条凳的石材纹理与树影遥相呼应

图2-1-13　仰望夜空，好似繁星满月

记者：您能详细说一下用植物，用软景做空间的问题吗？

章：其实用软景做空间的话，应该有很多优势，但是都需要时间这样一个过程。尤其是在做园博会设计师园的时候，当年需要的苗木量你都无法想象，即使你想要很普通的树，不用说附近，就是很远的外省你都买不到，全被别人先给买走了。所以我们不能靠树形，就靠数量，也就是密植，所以这次能植树的地方很小很小，而且还是一个斜坡，实际上每棵树占地可能都不到1米，或

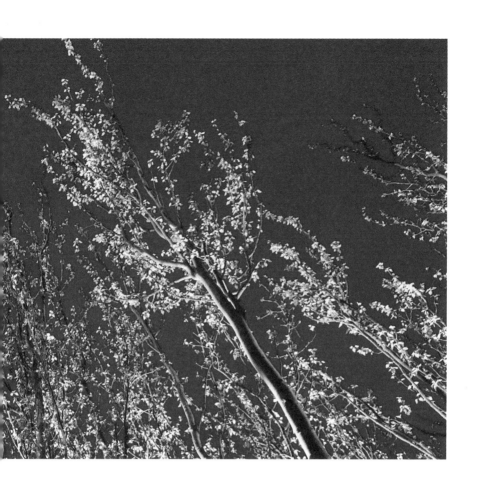

者1米多一点的地方就种一棵树，完全
用树堆了一个绿墙。堆出来之后，即使
它不长叶子或长出一点叶子，空间也会
显现出来，至少有100多根杆子在那里
插着呢（图2-1-13，图2-1-14）。

记者：就是围合。

章：是，用树围合成一个空间。

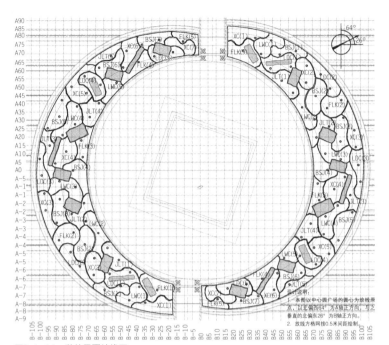

图2-1-14　种植平面放线图

记者：明园的天空和大地两个空间是怎样联系的？又是怎样反映天圆地方这个概念的？

章：为了实现这个概念，我们在这里做了两个空间，而且没有再在这两个空间里做任何变化的空间，但是在中央的圆形空间又做了一个方形水池空间。考虑到完全靠周边高起的圆形空间去围合觉得还是有点单薄，所以又把这个圆空间稍微做了下沉，下沉以后里面的方形水池也相对降低了水面高度。为什么要做方空间，一般来讲，下沉空间进去后大家都会往上看，因为这个圆代表了天空，你肯定是往上看，不过我们觉得只往上看的话太直白，你看到的就是天空。我们是希望到这以后往下看，正好是个方的水池，方的是代表大地，大地里面我又用琉璃瓦做了一个屋顶，等于你看水里面有个屋顶。看到这个屋顶以后，实际上水里看到的东西是什么呢？是反射了上面的天空和云，（记者：哦～）也就是说往下看，是看到了一个屋顶，屋顶是方形的，方形的屋顶透着的是天空（记者：哦～）。所以当人们往下看的时候，实际上是在看天空（图2-1-15）。

记者：有点像镜面的感觉？为什么这样做呢？

章：前面也讲到了一点，因为从一开始就没有做物理空间上的变化，有人会问为什么要这样做呢？中国传统造园手法常用园林建筑或者假山去组合各种不同的、变化的空间，不过这些变化多端的小空间实际上只是一种表面现象，传统造园手法的核心不是具象的物理空间，而是一种需要去想象的意境空间。所以说这个设计从一开始就选择了两个空间，外面一个开放的，里面一个纵向的。一横一纵，进去里面一纵向的空间很简单，只需往下一看。这个空间希望表达什么样意境呢？当人往下看的时候，能想象一个无限的空间。你看到的是上面天空的倒影，每个人的联想都不一样，每个人印象中的天空或他印象中的宇宙都有不同的概念，每位来访者都会从这种空间里去想象一幅自己锁定的空间画面，这个实体空间就能衍生出无数的空间。你再做多少空间都无法达到这种联想的空间，能够被想象出来的空间是无限的（记者：对～）。

图2-1-15 水池中的倒影

记者：明园和其他设计师园相比，有什么不同的特点？

章：做这个空间跟Eva Castro的那个作品完全不一样，幸亏没有做实墙，Eva Castro做的那种空间实在是做得太极致了，也许是建筑师对空间的把握太好，做了很多精彩的变化。如果让我们做的话，肯定是做不过她做的那些空间，幸好这个项目就做了个虚无的空间，这个虚无的空间正好是中国传统造园手法之一，也就是一个意境的创造过程，一个会引导人们去想象的空间。以欧美为代表的现代景观大多是实体空间的营造，表现在它的大小、它的颜色、它的体量上……，但是在中国看一样东西，盯一幅画，会去想象（图2-1-16）。

记者：我觉得真的挺巧妙的，通过人的思维其实又拓展了另一层空间，而且是变化多端的。

章：这个项目虽然整个手法采用了比较简洁的做法，包括大地的做法，包括一些细部的处理（后面可能还会说到）。但是空间表达最主要的初衷或者想法还是沿用了中国传统的追求意境空间的手法来做的。这个作品实际上跟同在设计师园的Peter Walker先生做的作品完全不一样，Peter先生那个园子也是用镜子去反射，进来以后一个人能被看成好多人，一棵树能被看成好多树，他是用的镜面反射，用物理反射。

记者：它还是实体的。

章：是的，它是个实体空间（物理空间），再看也能数出多少人多少树。即使3棵树变成300棵树，那还是有个数量。

记者：还是树和人（笑）。

章：对。如果镜面反射很虚无的话，100个人没准能变成几千个或者无数，因为今天看是这样，没准明天心情好了，看完又觉得是另外一个空间，这都不好说。想象的空间是会有无限的变化。

记者：思维没有边界的感觉。

章：对。这也许可以说是中国传统园林设计手法的精髓。但是必须说明的是，当今社会更流行实体空间的创造。如何更好地传承中国传统造园手法是我们每一位从业者是使命（图2-1-17）。

图2-1-16　施工过程

图2-1-17 夜景中的内圃空间

记者：设计师园一般的场地只有1000平方米，在有限的场地中是如何完成空间上的营造及文化要素的表现？

章：刚才讲过了，1000平方米的话你再怎么做，你做得再巧妙，肯定也没法跟自然界比，也没法跟其他大园子比。因为整个园子里有很多展园，每个展园的面积都很大，至少都比1000平方米大。从量上来说怎么也没有优势，所以我们完全是希望做一个虚拟的空间，就像刚才说到的，做一个能够供人们自由想象的空间。实际上，想象的空间是现在造园手法最不愿意用的，因为太不明确，而且太不直接。过去造园中常用到想象可能是与生活节奏、生活环境和社会需求等等有关。每个时代都有它不同的产物。对于历史和文化，我们无法评价它的好与不好，应该是接受和理解的一个过程。但是现代社会，现代人的思想一定是当今社会的产物。从传统园林空间可以看到很多匾额、对联和景名。从那些诗歌里面看，它是一个很浪漫没有边际的宇宙观的写照。所以我们也正是想在一个特有的空间里面去创造一个没有界限的空间。

记者：那您相当于也回答了下一个问题，有关于咱们那个有限场地空间营造的这个问题，关于文化要素这一块请您说一下。

章：项目设计的概念是"天圆地方"。因为场地在北京，所以我们希望"天圆地方"这一概念带有京城皇家的氛围，首先，四周围合的石头，当时是想找那种特别自然的石头，中间有一个碎石带，之后才是里面真正的空间。为什么这么做？那个围合实际上是过去城墙的概念。城墙是墙，但我没要墙，我把护城河的概念留下来了（记者：哦）。相当于到里面是个城，要经过外面这条河……虽然我没做河，而是做了一个沉下去的碎石带，是想让游人感觉进到里面才是一个城，是一个大地，外面界限的围墙，用大小不一自然的石头进行围合。请注意围合的内外面，看到靠着这个深沟的一面是比较整齐的，深沟以外的地方是凹凸不平的，有凸出来的、有凹进去的一个边缘线。相对来说把它做个比喻来考虑的同时，也希望提示一种庭园的感觉。如果是在南方或者在别的地方反映大地可能是另外一种手法，但是在京城，肯定是表现皇城的氛围。大胆地采用琉璃瓦做成放射状的线条，来反映大地，同时又反映京城，用颜色或者用氛围去反映京城整体的气氛（图2-1-18）。

记者：外围的方形代表着"大地"，为什么在边缘处做了一条沟将整个场地围合呢？

章：我们认为表现大地的方形需要有一个界限，界限要么是墙，要么是有个标志的东西，最终没有用墙而是采用这个标志的处理，初衷想打开场地让它整个空间与旁边是融合在一起的。但是怎么表现界限呢？因为它毕竟是皇家，肯定是有护城河、有城墙，你想过去礼制文化里面就有等级，等级越高墙就越高，护城河做得越壮观。这条沟就是出自这个寓意。

记者：噢，那么说沟就是您刚才说的护城河。

章：是，但不是从体量上的表现，而是一种寓意。一般地方城市，就像平遥，实际上是一个三线城市，从规划来说，它的城墙的高度和护城河都会比京城小很多。所以我们只是想通过这条沟来界限这是一个空间，提示人们将要进到一个特殊的空间，也就是强调场所的领域感。京城（皇城），是代表北京的气氛。

记者：一个是说它是一个界限，同时又要这个空间有个扩展，就是没有这种实体界限的局限性。

章：对，应该是这样。

记者：场地中央是一个圆形广场，一定是代表着天吧！但为什么又要在圆形广场中做一个方形水池呢？

图2-1-18 伏箱沟强调了庭院的存在，演绎城池的精神

章：这个问题刚才也稍微讲了点，如果想象中进来很直白就是看天，如果往天上一看就是一个园子，就能想象这个东西，这种表示方法好像有点太直白，没有任何说服力，虽然也有变化，假如游客一直不停地在看的话，那当然这个天空也会有变化，例如有云飘过等等；再比如我们清晨看这个天空和傍晚看可能又不一样，虽然这个景会随时间变化而变化，理论上讲得通，但实际上是不太现实的。所以希望游客能够从大地看到天空，大地我们用的就是方形的，所以

我们这边做了一个方形的水池。这水池里面角度稍微有点变化，是为了整体的构图（图2-1-19）。

记者：汉白玉池壁上雕刻的祥云图案有什么故事和寓意吗？

章：这个方形水池周边都是汉白玉雕刻的祥云，实际上它就是想表现"云"的概念。因为"方"里面有"云"，再通过"云"形式化反映上边的天空（图2-1-20）。其实这池子最后也不是很成功，我们做了一个雾喷，实际上叫喷

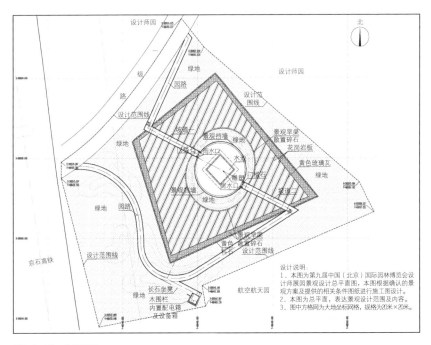

图2-1-19　总平面图

图2-1-20 雾中的水池，洋溢着小宇宙的遐思

图2-1-21　汉白玉祥云浮雕

云。并且做了很多次雾喷试验，让它正好喷出来是一个特别集中的一条雾带，雾带是云飘上去的感觉，实际上设计的努力成就了最终效果的体现，特别是整个空间下沉以后避开了自然风的影响，能看出来浮云的效果，但是展览会后的管理等各方面原因，这个效果难以得到维持。三年后再去时，背景音乐和这个云都没了（无奈地笑）（记者：笑），只剩了一个比较破烂的脏脏的水池，不过这个水池也能倒影天空（图2-1-21）。

记者：就是因为时限的原因，影响了整个园子展览性。

章：其实，全部管理起来确实不太容易，也有些不太现实。

记者：作品中的动线设计有什么考量吗？

章：实际上在这个过程中我们对这个动线也考虑过很多。我最早接触房地产的时候，最不习惯的就是搞策划，营销的人，他们往往拿一张纸图就能说两三个小时（记者：笑）。我们呢，拿很多图说十分钟、二十分钟，一张纸就能说那么长时间，确实也是一种能力。其中印象最深的就是他们总说：我们做地产的时候，一定要做强制动线，当时我对他们讲的意思还不能完全理解，有时也会不屑一顾，觉得这个根本就不是那么回事。但是随着这几年慢慢体会，觉得他们说的也不是没道理，例如你真是在一个小空间里面，中国传统庭园就要求步移景异，所以你肯定希望整个动线把你设计的整个空间展示出来。这个项目里就特意地去模仿它，因为整个园子很小，又希望人能待的时间比较长一点。

小是这个空间的特点，人进去以后看到那头就出去了，不会有太多停留时间，所以只能在动线上做文章了。游客从进入再到下沉空间最后出来再从上面绕过来，让他们从微地形也就是曲线最高点往下看，正好能俯视整个园子，再从另一边下来。整条动线，我们自己都不知道，画完之后一量，有将近200米（记者：哦）。整个走完以后能把我这个园子所有的角度都看到（记者：哦），不光俯视，而且从不同角度都能看到。实际上说白了就是用强制的动线去展示整个空间（图2-1-22、图2-1-23）。

记者：嗯……同时也是为空间服务。

章：对！不过想想设计是否也做得有点太不仁义了吧！如果仅设计师园大家都这么做的话，9个园子一共要走1800米，加上连接路至少2千米。想必设计师都会被游客骂死！

图2-1-22　高低起伏的园路，提供了场所的不同视角

图2-1-23　LED 光带，烘托着中央（纵向）场所的存在

记者：细心的人都会发现这个园子的铺装及中央广场的墙面都采用了同一种饰面材料，其中有什么寓意吗？

章：当时我们做这个铺装的时候，一直想找一个比较合适的材料，但是实际上材料所有的加工也就只局限在荔枝面、火烧面、机切、抛光这几种，没有任何变化，从色彩上做区分的话效果也就不十分理想……。所以一直找不出一个更好的方法。做的过程中我们考虑正好这个圆是天空，墙稍微做得有点倾斜，天空希望让它感觉像一个宇宙，同时也希望有宇宙那种不停旋转的感觉（图2-1-24），但是又不想用图案去铺成环形的那种效果，所以最终就采取同样一种材质，但在材质表面处理上用一个凹槽给它切出来，切完之后又将很规整的凹槽表面的部分敲掉，形成完全自然崩裂的那种面板，隐隐约约还留出那个槽，猛地一看上边是毫无规律的自然状的凹凸面，但是样品和实际加工的材料还是有区别，并不十分理想。特别是刚开始走起来，如果鞋底比较薄会很硌脚（图2-1-25、图2-1-26）。

图2-1-24　围合式下沉内圆空间，营造着无限的冥思

图2-1-25 由高渐低的弧形墙,强化空间的延伸

记者：笑～，哦。

章：比较熟悉的朋友都会直言不讳地指出这方面的问题，好在游客走多了会慢慢好一些。看上去凹凸不平的地方，实际上都有一条隐隐约约的线在穿行的感觉。（记者：哦）我们铺的时候整个底下的铺装是按圆周铺，四周墙也是按圆周铺，这样整个空间有一种奇妙的感觉（宇宙感）。

记者：进入圆形中央广场时要跨越一道石门槛，对游人来说好像很不方便，为什么要设计成这种形式呢？

章：这个门槛当时也是一种寓意，通常一说概念总会稍微有点脱离现实。因为中国传统的入口空间，包括皇家或者一般的民宅都一样，如果进门的话都有一个门槛，都愿意做门槛（记者：嗯）。故宫里面后花园那块最后为了小皇帝骑自行车方便去掉了，但是原来也都有门槛。所以传统住宅或者入口场所，内外两个空间之间都要设置一个门槛。我们这里面没有做门，你从外面能看见，但是走到那儿跨过那个门槛就示意来到了另外一个空间，尽管你能看见这空间是连在一起的（图2-1-27）。

记者：哦，就相当于是一个空间的提示。

章：对，所以我们就在这里面做了一个

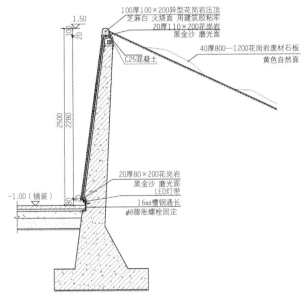

图2-1-26　围墙详图

图2-1-27　石材的肌理与祥云雕刻，寄托着京城的厚重与神秘

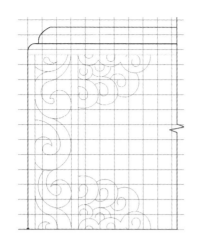

图2-1-29 施工现场

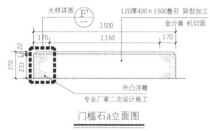

门槛石a立面图

图2-1-28 门槛详图

门槛，示意我们从这进去以后，里面是一个代表天空的空间，外面是一个代表大地的空间。实际上空间上没有分内和外，镶了一个门槛只是空间转换的提示（记者：哦），我们从开始就没有打算采用实体空间去表现场所，而全是用虚拟空间去表现。所以这对于一般游客或者非专业的人来说是比较难理解的，特别是一些年轻人，可能更难理解。但是如果你比较了解中国传统文化或者是专业人员，可能就会理解这个作品它内在的一些含义。但不一定喜欢这种表现方式（图2-1-28、图2-1-29）。

记者：恩，其实跟咱们这个"天圆地方"的传统文化主题也是很贴切的。

章：也许吧！但是不是当今流行的那种设计手法，从一开始就有不被好评的心理准备（苦笑）。

图2-1-30　黄与红的神韵洋溢着皇城的秩序

记者：四周用琉璃瓦做象征大地的分隔带，而且角度又是从左下向右上倾斜，是为什么？

章：关于倾斜方向，我们当初采用南北偏一点点，东西向也是有考量的。大地肯定是很大片的田地的感觉，田地基本表现出的是一垄一垄庄稼的感觉，可这里面肯定不能种庄稼。但用的是一条条地把大地分开这个概念，那我们怎么去

分？这里面是稍微作了一点思考，我希望这一垄一垄的变化更多一点，上午这个拢的阴影是由东向西，到下午它的阴影就变成了由西向东（记者：嗯……哦）。如果是正东正西走向的话，上午下午都是同样的阴影（笑），（记者：哦……对）。如果是正南北的话，可能上午阴影在西边，到了下午就在东边（记者：哦）。但是这里不是正南正北，

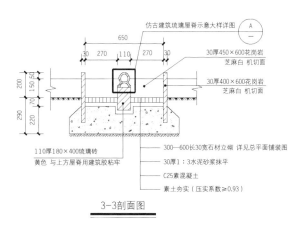

仿古建筑琉璃屋脊示意大样详图

A

650

30 270 110 270 30

30厚450×600花岗岩
芝麻白 机切面

30厚400×600花岗岩
芝麻白 机切面

200 150 50

270

290 220

110厚180×400琉璃砖
黄色 与上方屋脊用建筑胶粘牢

300—600长30宽石材立砌 详见总平面铺装图

30厚1:3水泥砂浆抹平

C25素混凝土

素土夯实（压实系数≥0.93）

3-3剖面图

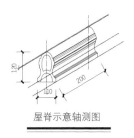

120

200

110

屋脊示意轴测图

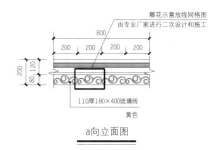

雕花示意放线网格图
由专业厂家进行二次设计和施工

800

200 200 200 200

200

80 120

110厚180×400琉璃砖
黄色

a向立面图

图2-1-31 琉璃脊详图

正好是偏一点点东西的斜向。那为什么是这个方向呢？当时斜的角度主要是下午两点左右时的阴影角度，因为园博会正值盛夏，天气特别炎热，两点时是最热的时候，基本上没有人来看（记者：笑）。所以人少的时候正好是太阳角度没有阴影的时候，之后稍微到了下午，阴影转过来以后人也多了起来，而上午来的游客看到的是正好相反的阴影。

记者：太精巧了！

章：其实，没有一个游客注意到这个细节，就连我们自己也没太注意这方面的变化（无奈地笑）（图2-1-30、图2-1-31）。

记者:( 笑 ) 这是真的吗? 没有演绎吧! 那水池的倒影效果一定非常好吧!

章: 是真实发生的事,一点都没有演绎。但是开幕式的前两天听说水池终于第一次放满水了,于是迫不及待地奔到现场,让我很失望的是水池的水碧蓝清洁,可这么也看不到倒影,更别说是透过水中的屋檐看天空了( 见图2-1-32下图左上 ),紧急叫来施工管理人员恳求换水,施工方的现场代表赶过来,一再安慰说不远处他们承建的澳门园的水又浅又浑浊,但是都有倒影,章教授不用急,今天连夜换水,明天就能好,绝对保证后天开幕式让水池有倒影。第二天下午事务所的设计师从现场打电话过来,说换了水还是没有倒影。当时简直都快崩溃了。回来才知道,当时设计师园区的绿化用水都是采用中水,也不知是什么原因那种中水就是没有倒影。每当看到游客拿着相机往水池里照相的时候,总会让我联想到靠做地沟油起家的小商贩被擒拿的场景。

记者: 为什么中央水池做得很深?

章: 对,正常的叫水池,但是我们从一开始没有把它当成水池,而是一口老井。水池可能站的很远,只要一看就行。而井一定是让人探着头往下看。所以将水面做得很深,当时被组委会多次点名,被告知存在着严重的安全隐患,最后协商到水面离上面最高点绝对不能大于70厘米( 记者: 嗯 )。一般人正常做都愿意这个面和水面接得很近,这样也好看,它是个静水,尤其是无边水池现在也比较流行( 记者: 对 )。70厘米显然不是我们期望的深度。设计上是希望人站在这儿往下看,正好是反射的正上方,如果平着看,永远反射不到上面的天空,它永远反射的是墙。水深一点后大家离远了看不见那水面,必须走很近再探着头看,是水面最大的时候,看的正好是反射正上方的天空( 图2-1-32 )。

记者: 是您刚才说那个天空的寓意吗?

章: 是,由于考虑到水中的方形琉璃瓦屋顶,水深做到了近1.5米,每次安全检查都被告知必须整改,最后达成协议,在水下放置钢丝网,以放弃倒影效果的代价,确保落水者的安全。在施工的最后阶段由于永定塔的一场大火,彻底改变了水池的命运。大火后的工地安全检查更加严格,此前每次都说水池太深有安全隐患的督查人员,大火后再来一见到水池大家都异口同声地说赞,要是发生了火灾,有水安全。因为设计师园没有其他水池……。

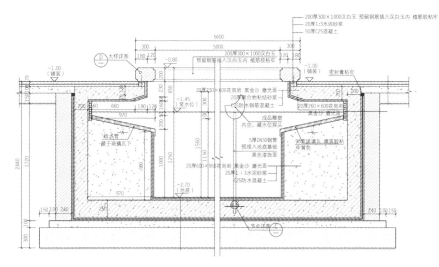

200厚300×1000汉白玉 预留钢筋插入汉白玉内 植筋胶粘牢
20厚1:3水泥砂浆
50厚C25混凝土

200厚300×1000汉白玉
预留钢筋插入汉白玉内 植筋胶粘牢

大样详图

铺装

密封青粘牢

20厚230×600花岗岩 黑金沙 磨光面
20厚聚合物粘结砂浆
C25防水钢筋混凝土

20厚260×600花岗岩
黑金沙 磨光面

成品雕塑
内空 藏水位探头

90宽琉璃瓦 建筑胶粘牢黄色

黑色漆饰面

5厚DN30钢管
预埋入池底基础

给水管
藏于琉璃瓦下

20厚600×950花岗岩 黑金沙 磨光面
20厚1:3水泥砂浆
C25防水混凝土

节点详图

节点详图

图2-1-32 上图：水池详图
下图：施工现场

记者：定时有喷雾和背景音乐，是希望达到怎样一个场景呢？

章：除了水池深之外，我还希望有一个云的寄托，但是云不可能每时都有，所以做了雾喷，喷出云的感觉，云在水里漂的感觉，同时偶尔又有倒影中的云影映在水中，有点腾云驾雾的感觉（笑）（记者：哦~对）。当初是这么个想法来做的，但是最终的效果并不是很理想。背景音乐当时是让事务所的设计师杨珂制作的，当时完全合成，现实自然界没有的，有点宇宙空间的那种声音，希望表达场所的非日常性。

记者：哦，是仙乐的感觉么？（笑）

章：对对，你说它是杂音也不是杂音，你说它是什么好听的音乐也不是（记者：嗯），完全是那种外星带来的又说不上的那种音乐。

记者：太有趣了，能讲一下这首"仙乐"的制作过程吗？

杨：在明园的设计过程中，章老师提出了下沉空间设置背景音乐的想法。主要意图是表现宇宙空灵的感觉，引发人们冥想。在选曲过程中我们试着寻找音乐大师的作品，包括瑜伽的背景音乐都搜集了很多，可是没有一首音乐符合我们想要的效果。主要原因是音乐的主旋律过于清晰，这种韵律听到以后无法感受到空灵的感觉。之后章老师提出是否可以合成出一首背景音乐。起初大家认为这个想法有些疯狂，可我正是顺着这样一个疯狂的想法开始了音乐的制作。一个好的想法要有技术的支撑，我先选用了3款音乐软件，打开操作界面时几乎崩溃了，太复杂了！通过一点点的研究与学习，最终我们合成出了一首属于我们自己的背景音乐。在一个不熟悉的设计领域里做了一次勇敢的尝试与挑战！

记者：设计过程的内容好丰富啊！

杨：是的，除了音乐内容的特殊，音箱的安装位置也与其他项目不同。通常我们设计的背景音乐音箱都在绿地中，是可见式的。而明园的背景音乐音箱是隐藏在池壁下面的，发出的背景音乐感觉是从水中传来的。当然这样的设计要求、音箱的选择和安装方法在实际施工中也是一个不小的挑战。

记者：相当于整个就让人觉得是在另外一个空间。

章：对！是一个很虚无的感觉（图2-1-33）。

图2-1-33　俯视方池中的屋檐（大地），垂映天空与日月

记者：接下来请杨珂主任回答一下，就是对于明园施工很细的这个评价您有什么看法呢？

杨：以铺装为例，由于工期骤减，为了降低施工难度，把原先设计的石材立砌铺装改为了自然面石材开槽儿的形式。石材开槽儿是为了表现出石材与石材交接缝的效果。石材样板加工用5毫米的锯片开槽儿，可加工后的石材并没有达到我们想要的效果。5毫米的开槽儿实际已经很窄了，但仍然是凹凸面的感觉，我们要的是一道道的缝儿的效果。之后换成了3毫米的锯片，所呈现出的石材开槽儿效果就完全不同了。仅仅改变了2毫米，2毫米在我们日常的生活中可以用微乎其微来形容，可正是在施工初期争取到了这微乎其微的2毫米，才有了纵深感极强的线条和丰富的肌理效果。还有墙体的交角处也进行了单独的设计，由于石材面层形式很特殊，常用的转角处理方法交海棠角和长边收短边交角的效果都不理想，我们设计了一种交错叠加的转角处理方法。正是在施工中做了像这样一系列的设计工作，才有了最终大家看到的非常舒服的转角效果。所以说明园的施工细，其实是我们的设计到位了，正是作品中的每一个转角、每一个缝我们都想到了设计到了。

记者：明园作为一个精品工程和其他项目的区别？

杨：作为精品工程设计周期要远远长于其他项目，当正常的设计工作（方案、初步设计、施工图）结束之后，还要进行作品的发表、项目的解析等一系列的设计任务。这样的设计任务会一直继续下去，为设计师带来源源不断的设计思想和原动力（图2-1-34）。

图2-1-34 　左上、右下：设备箱围挡的成景
　　　　　　左下、右上：渐变的入径，彰显着内外空间的"异"

记者：您好像也参与过章教授的厦门园博会设计师园设计，觉得这一次北京园博园的设计和之前的有什么不一样吗？

于：在做厦门园博园的时候，那个园子不但面积小而且场地和周边环境有很大的高差，当时很多的设计精力和造价都分配到了挡土墙之类的隐蔽工程上，有点见招拆招、被场地牵着鼻子走的感觉，所以效果呈现时与预期有一些差距。这一次的明园是有"天圆地方"这个设计概念在先，无论是平面构成或是空间属性，甚至细节刻画都是围绕这个概念在做的，这就让设计有了一致感。

记者：所以你其实还是蛮喜欢这种有概念的设计？

于：前提是概念要打动人（笑）。"天圆地方"是古人对宇宙的认识，上下四方谓之宇，往古来今谓之宙，所以明园的设计其实是有对于时空转换的考虑在里面的，比如"大地"空间琉璃瓦条带的阴影变化，再比如"天空"空间里用"水井"去镜像天空。虽然三位大师和其他几位设计师的设计也是有主题、有理念的，但是作为一个北京土著来说，我还是更喜欢明园的概念。无论是通过杨树密林形成的"虚围合"，还是期望水景里面透过琉璃瓦"屋檐"能看到的蓝天白云倒影，都让我忍不住想起小时候的北京，从四方院子里抬眼看到的湛蓝天空，我甚至自己脑补了天空中嘹亮的鸽哨声（笑）。虽然最终施工由于中水之类原因在细节上差强人意，但毕竟已经尽力尝试过（图2-1-35）。

图2-1-35　外·方与内·圆组成日常与非日常的空间

记者：没有鸽哨但是有"仙乐"。

于：是的，有仙乐。设计师园面积小，做体现文化感的园林设计不像做装置设计那么容易，因为人要进入，要参与，要体验，就会有"来不及"之感，来不及把设计理念表达明白，游人也还来不及体会或者说消化，因为再转个弯就拐进下一个园子里去了（笑）。

记者：所以章教授觉得"文化"不好做。

于：章老师是太谦虚了，这是他作为知识分子的克己复礼，也是因为涵养越高越容易知足。像我们几个小年轻，说我们不知深浅也好，反正就是比较容易嘚瑟（笑）。虽然园子最后实施出来有这样那样的遗憾，但是在设计过程中的这些巧思还是很有情怀的。游憩之外让人有遐想，有回味，有通感，是咱们传统园林的一个特色，现在地产市场上在流行"东魂西技"的豪宅呢，章教授几年前设计的明园也算是弄潮的项目了。

记者：建成后你有去过吗？

于：最近两年没有去过了，但是我们发现了一个可以看到明园的好视角。之前踏勘场地的时候曾经抱怨过的在场地附近的高铁高架桥，现在每次出差回来的时候，都可以从高铁上俯瞰到明园的全貌。经常是快到北京的时候，车速会有降低，我们就互相提醒，因为明园的构图和配色特别鲜明，所以在车上一眼就能看到，看到的时候就会很雀跃。

记者：您总是说每一个设计最终都是在做空间，但从这个作品上好像看不出这种空间的营造？

章：关于空间营造，前面已经讲到很多，用一句话说就是：这次不是在做实体空间，而是在做一个虚无空间，每个人都可以自由联想的空间。

记者：我观察到每当对话涉及"文化"问题时，您都立踩刹车，是文化不重要还是文化太难讲明白？

章：文化实际上很重要，但是确实很难做。在国外，设计师做项目的时候也提概念，但是很少提文化这个概念。中国任何一个很小的项目都会提到文化（记者：对）。尤其政府项目，当地的文化怎么表现，这个课题是永久的话题，永远逃脱不了，但是又特别特别难做。一方面要把文化做得很好，同时也要把空间反映出来，难度之大是可以想象的。至少对目前的我来说，是非常非常困难的。我觉得文化这个东西它不是说形象的东西，它是一个氛围（图2-1-36）。

图2-1-36　洒落在墙壁上的树影，勾画着时空的悟语

图2-1-37 高低起伏的园路，提供了场所的不同视高

记者：意境的那种感觉。

章：实际上它是无形的。不是说照搬某些符号就是文化，当然也有很直白的（记者：笑），有些场景一看就知道是日本的，在中国也有这种情况。现在难就难在一看就是某某风格，但放到你的设计里就像假古董。而且这种直白的模仿我们不愿意用在我们的设计里面，因为这种直白的东西搬得很容易，比如我们搬中国传统的一个皇家园林的亭子，放到小区里面，你会觉得很难看很不合适。过去也有这么做的，包括过去1970年代的时候做一个房子都不要平顶，要做大屋顶，要做琉璃瓦（记者：笑），那时候叫戴帽儿。如果那些东西完完全全的直接搬过来的话也可以，就像日本一样，就做日本的传统庭院，那就实实在在地做，所有的做法跟过去一模一样，我不需要有任何的创新，这是做很纯的传统的东西。但是现在绝大部分的项目，并不是简单地把传统的东西完完全全搬过来，大家不需要这种照搬（记者：恩）。大家需要的是文化的东西，是既有现代的又有传统的，两样东西都在里面，是一个融合体。这种融合体非常不好做。（记者：恩，对）现在国内人对过去历史的研究很多，一直到明、清都有研究。但是很少对民国时期有研究，实际上民国时期把当时西方一些比较现代的或者西方一些传统文化跟中国的传统文化结合得非常好。事实上，你想把这方面做好的话，我个人感觉应该先把民国整个时期的，包括公园、陵园、私园、公馆、学校（民国时期创办3所学校）以及一些民国建筑学习研究一下，可能对现在做文化来说应该是很好的帮助。所以，就我自己的能力来说，我不是不想做文化，我是觉得做起来比较难。文化也是非常重要的，不可缺少的，如果能力可以达到的话，我会更多地做一些文化（图2-1-37）。

记者：其实我觉得咱这个项目中阐释的就挺好的。

章：理论上可以说得通，空间上未必圆满，如果不说文化去纯做空间的话，我会比现在这个空间做得更有意思，完全能做得更好。但因为有这个文化元素的前提，所以只能这么做这个空间，这个空间如果不说明白的话，看这个空间会觉得没有讲的那么有意思。

记者：那您觉得是不是文化反而是对空间设计的一种束缚呢？

章：处理不好嘛，应该是这样！目前来说，我还不能完全处理好。（记者：笑，这样）如果能力很高，处理好的话没准会很有意思，但我现在做不到（记者：哦~这样理解啊）。

记者：最后您能对这个作品概括地总结几点吗？

章：对于这个作品，首先觉得做完以后花了很多力气，但结果并不像想象的那么理想。用一句话来说：就是做得不是很爽。不知道为什么总觉得不解气。可能是这种做法我们平时不太这么做，但是这个时期又要求你必须用这些表现方法，很多附加条件，所以处理得不是很得心应手，这是我的一个感觉。第二个感觉，我们合伙一起做这个项目的人员都做得特别辛苦，花了很多力气，我现在做的另外一些小的项目，基本上不用太费劲，而且能立竿见影。这个项目确实花了很多力气，最终的效果如果和我们花的时间来比的话还是不成正比,（记者：无奈地笑）这是我的第二个感觉。第三个感觉，刚才也说过，博览会设计师园虽然是第二次做，比第一个经验丰富了，但是还不能说很丰富。做完这个有很多反思的地方，如果再给我第三次机会的话，我可能又是另外一种做法，也许会比现在好很多，也是我的一个感受。我觉得园博会的设计师园，确确实实是需要一个设计师用特别高的一个水准来做。如果没有文化，确实很难做出一个非常好的作品，至少你不能说是一处到处都能看见的常规品。都是希望有足够的挑战型的作品。它是一个平时看不着的，你说它很好吧也不一定，但是你说它很俗吧也不是，你也没法评价，但是总会让你感觉就是不一样，需要去了解它，这个作品首先是设计师需要有感觉，需要一个设计师把他最基本的本领都表现出来。所以我觉得设计师园是一个非常具有挑战性的设计过程，而且非常能看出一个设计师真正的设计实力。如果做好的话他的实力就会发挥很好，但是大部分可能还没有达到这第一步（图2-1-38）。

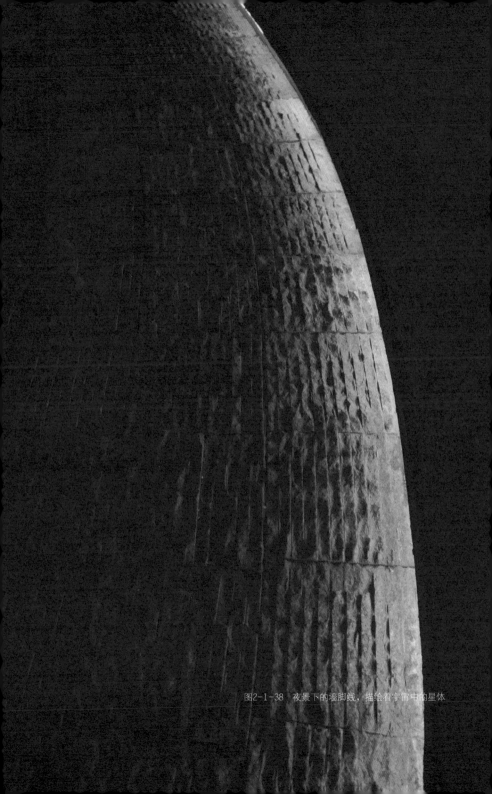
图2-1-38 夜景下的墙脚线，描绘着宇宙中的星体

## "荒" 的解读

——新疆巴州和硕滨河公园景观设计

项目名称：新疆巴州和硕滨河公园景观设计
项目所在地：新疆巴州和硕县
委托单位：新疆巴音郭楞蒙古自治州和硕县建设局
设计单位：R-land 北京源树景观规划设计事务所
　　方案+扩初：章俊华 白祖华 范雷 张海光 徐萌露
　　施工：章俊华 胡海波 于沣 张筱婷 汤进 钱诚
　　专项设计：朱彤（结构），杨春明（电气），袁琳（建筑），穆二东（给水排水）
施工单位：土建施工　新疆福星建设（集团）有限公司和硕分公司
　　　　　种植施工　巴州大自然园林绿化工程有限责任公司（一期、三期），
　　　　　　　　　　新疆嘉木园林绿化有限公司（二期）
设计时间：2010年 5 月（一期） 2011年10月（二期） 2012年11月（三期）
竣工时间：2012年11月（一期） 2013年11月（二期） 2014年11月（三期）
用地面积：49.34公顷（一期12.00公顷，二期10.14公顷，三期27.20公顷）

图2-2-1　微风轻抚的芨芨草，让人想到巩乃斯辽阔的草原

和硕滨河公园位于新疆巴州和硕县东北部，紧邻清水河（季河），随着产业结构的调整及场地北部的石材加工厂的搬迁，从2008年开始政府即着手逐步将这块荒滩地改造成供居民活动的滨河公园。由于受限财力、物力、人力及搬迁等多方面因素影响，在整体规划方案完成后，分三期实施。

一期位于场地的中部，北高南低，东侧是6米高的防洪坝，清水河一年四季除夏季的几场降雨外，几乎全年都是干枯裸露的河床。场地多是被石材厂的石粉、废料布满的滩涂地。为此，我们的策略是最大限度回避构筑物，尽可能多地使用日常极普通的旱生植被展示场地固有的"表情"（图2-2-1）。

首先，在东侧大坝一边做起伏的地形。在淡化僵硬笔直的大坝同时，构筑空间主框架。其次，在出入口空间，大面积地种植旱生地被（金叶莸），利用最习以为常的植物烘托场域的氛围，并在西北部间种养护管理粗放的旱生植被（景天三七、芨芨草、红柳等），充分表达日常且又不平常的风景。最后，在场地的西南部大面积地改造滩涂地，在其中点缀植被和大小不一的河滩石以及用和硕红料石做的干垒墙，力争在最少的投入中提供最大的景观效能。

二期位于滨河公园的南端，东临防洪大坝，西接石材大道，原本是寸草不生的荒芜滩涂，近年却渐渐演变为挖取河滩石和堆砌废料的场所，高低不平的场地形成特有的现状特征，成为设计中必须考虑在内的因素之一。

首先，利用现状地形，组合成24组体量不等的绿丘，将空间做成既富有莫测变化，又保持相对连通。尺度小、精细、变化多，是此场所的空间特质，并有别于一期的尺度大、粗放、变化少的空间特征。其次，利用地形的高差，架设了6座钢桥，形成立体的双层园路体系，上层主要以桥梁构成直线园路，下层则是由通往每个不同小空间的自然曲折园路而构成。最后，在低洼的谷地中，撒播野花组合地被花卉，以菊科为主的多年生地被混掺野生花卉，为整体的下沉空间带来了超越设计预期的效果，让巩乃斯草甸风光又重新回归人们的日常生活之中。

自然堆砌的石墙，强化了空间领域，完成了从限定到展开的次序转换；高低错落、宽窄不一的旱生地被带，野趣中的特定展示，不寻常的自然与人工化的融合，常规中非常规的表达；河滩石与干垒石墙间的植被，挖掘着自然中的隐晦之美，彰显生命力的无限；制高点的瞭望台、延伸至水面中高10米的构架、蜿蜒曲折的园路、疏密有致的种植……均表达了设计师对粗放、苍茫、旷野等语言中——"荒"的解读。

**项目访谈**

**对谈人：记者、章俊华（以下简称章）、于沣（以下简称于）、张筱婷（以下简称张）、范雷（以下简称范）**

记者：听说这个作品最初碰到了不少难题，是哪些问题呢？又是如何解决的？

章：大体来说，主要是两个问题。第一个问题是场地本身：现场踏勘后，你不敢相信那个地方还能做公园，它完全是荒凉的，一点植物都没有，而且它不仅是块荒地，更是很多石材垃圾堆积的地方，因为本地产石材，生产的废料都会堆积在这里，到处是石子，植物根本无法生存，几乎不可能去改造它（图2-2-2）。

第二个问题是场地东侧沿线的防洪坝：常规的滨河公园会在堤坝上面，站在岸边可以看到水面。而这里所谓的"滨河"里面并没有水，只有一个防洪堤，堤很高，坝的东西两侧完全独立，视线被遮挡。特别煞风景的是它自西向东完全笔直，而且也不可能在局部做成一个弯曲的形式。所以在这两个局限的条件下，让你很难想象这个空间该如何设计，因为无论如何设计堤坝是会一直存在的。

第三个问题是我们还面临一个资金投入特别少的困惑：我们刚做完的库尔勒的孔雀公园14公顷的投入单价相当于这里的3倍，和硕共有三期，每期面积都在十几公顷，投入却少得可怜，比

通常的公园投入也要少1/3到1/4。用这样的造价去做园子，真的是有很大难度。库尔勒孔雀公园是旧园改造，最起码还有树，有良好的种植土，而和硕这些条件都不具备，面对着连杂草都不生长的场地，我们觉得无从下手。

记者：也就是说它本身可利用的资源几乎是零，如果要利用也必须进行改造，而且资金投入又少，从建成的场地看，一期与二期的风格不太一样，是有什么原因呢？

章：这两期的风格完全是根据现场的情况进行设计的，一期的场地相对平缓，所以场地特别开阔，展现了北疆的风光。二期现场呈现的是一个个废弃材料堆积起来的小山包，我们数了一下，大大小小总共有十几个。也许是没有足够的投入反而成就了我们的设计因地就势，利用山包与山包顶部与底部的高差构建成立体交叉的园路体系。走在上面可以鸟瞰全景，走在下面是一个蜿蜒曲折的游园步道。形成了多个比较幽静的小空间。所以说这两个设计风格完全是现场条件所决定的（图2-2-3、图2-2-4）。

图2-2-2　施工前现场

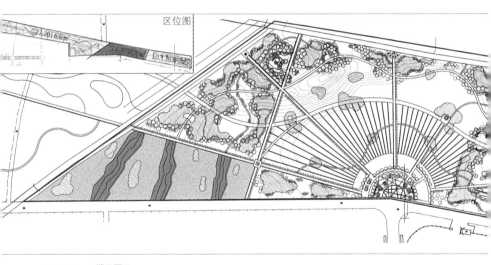

区位图

23,2016.6m

11,9792.7m 10,1383.7m

图2-2-3 一期平面图

北

0  10      50        100米

图2-2-4  入口的放射性种植

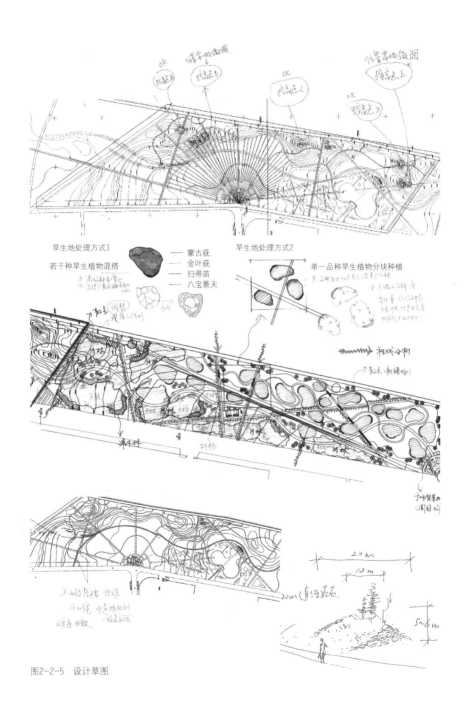

图2-2-5 设计草图

记者：一期西北靠石材大道一侧，片植大量的旱生植被，而西南侧是完全不同的河滩石的荒郊，中间夹着一期的主入口，这是要体现怎样的一个设计初衷？

章：石材大道是一条城市主干道，我们不仅希望人们可以在里面游览，更是希望在道路上可以看到滨河公园的景观，沿石材大道一路望去，人们对整个公园里的情景就会有一个大概的了解。所以我们把一些有突出特点的设计均向道路敞开，途经此处的人们也会体验到公园的风景。从西北角出发，沿石材大道向南行进，先是看到给人荒芜感的旱生植物，此入口之后连接的是一片河滩，河滩和旱生植被是新疆，尤其是南疆比较有代表性的场景，这里是展示给大家的第一印象（图2-2-5、图2-2-6）。

图2-2-6　金叶莸、碎石带与瞭望塔遥相呼应

记者：那一期入口处放射性种植是希望传达怎样的一种信息？

章：公园一共分三期建设，一期在中间，二期在南端，三期在北端。虽然入口比较小，而且它是个次入口，但是设计想要表达的空间比较开阔。在通常情况下，没有很大的投入时，空间就不可能做很多的构筑物，但是空间骨架如何才能实现呢？我们就采用堆了很多地形来形成空间，堆完后的堤坝高度完全成为整体地形当中的一部分，借着堤坝的高度，形成高低起伏的地形变化，缓坡过来之后，大坝对岸可以用一个斜坡下去作为结束，就等于我们做的地形实际上是把大堤坝作为其中的一部分，形成既开放又有变化的场地，从而也缓解了堤坝笔直生硬的感觉。我们希望这次入口进去之后有一个比较有冲击力的空间，但不可能靠构筑物来做一些体现冲击力的场景，唯一能考虑的是在地面上做"块"上的文章，最终采用了放射状的种植带，让人进入后首先有一种视觉上很强烈的冲击（图2-2-7、图2-2-8）。

图2-2-7　用本地的石材和植被去描绘豪放的新疆情怀

图2-7-8 入口花园

记者：那这里面几乎看不到硬质小品，除了东北角最高峰处的瞭望台，这里有什么刻意的设计吗？

章：我们也想做一些小品在里面，但是因为造价限制，所以我们就把小品这部分的费用用在做地形处理方面了，做完地形以后，剩下的地块我们在地形最高的地方做了瞭望台，低的地方做点花架、小卖部和卫生间。最大限度满足了公园最基本的功能要求。这也确实是因为造价的因素所至。我们完成所有的地形工程之后，觉得也确实没必要做任何硬质小品，有地形就足够了，这也算是由于现状条件决定的一种刻意。

记者：荒料石垒砌很有特色，与常规的精雕细刻形成了鲜明的对比，是从什么中得到了启发么？

章：这种干搭垒的石料堆砌过去有些园子有，但现在很少会这样处理，基本上是毛石垒砌的墙，这种形式是我过去去韩国时看见过，韩国那边做得特别好，在国内一直看见的不多。但是有一天特别巧，我们看到石材厂房边的一个小屋子旁有一堆废石材，其中有一段就真是干垒了一个墙，垒得非常好，但是那毕竟只有一家用户在住，那墙倒了或是掉了石块也不会有安全问题，但是公共场所的园子里，希望达到看上去是干垒的感觉，实际上里面还是拿混凝土把它固定住。我们觉得那家人能做，当地施工队也一定能做，所以我们就把施工队的工头叫过去一起看了那家的墙，要求就按那个墙的效果去做（图2-2-9、图2-2-10）。

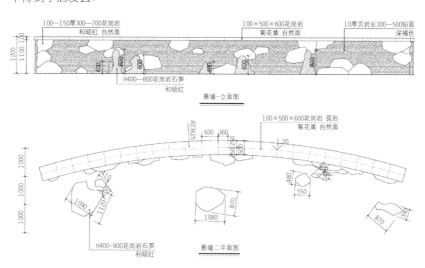

图2-2-9　入口弧墙详图

图2-2-10　废弃的料石景墙展现着坚强的"灵魂"

图2-2-11　服务建筑的光影效果（过程中）

记者：那水池中立了一个10米高的构筑物，正好起到了此区域中心平衡的作用，是不是可以这么理解呢？

章：恩，当时是想做一个竖向的构筑物作为次入口通向河滩区的收尾，因为现

场的那个区域很开阔，而且有个不太大的水池，它靠着堤坝的一侧有一些地形变化，另一侧就没有再做地形。它跟三期不一样。三期是正好相反，三期是堤坝和沿路做了地形，中间是开阔的。二

图2-2-12　眺望台与廊架施工现场

期是在小山包里面来回走动。一期、二期、三期是截然不同的三种空间骨架的做法。在一期这里正好是一片开放的空间，更形象的解释是一览无余。只是在地面的水平方向做了一些变化，从空间上讲感觉没有能压住的"东西"。虽然有一些很矮的小墙在里面穿插，但是需要一个高的东西去撑一下空间。当时设计了一个10米高的构筑物（图2-2-11、图2-2-12）。

记者：构筑物是起平衡作用吗？

章：确实像你们问题里说的，是需要有这么一个平衡，从高度上做一个平衡。可实际上这个构筑物做完了以后我们觉得不是特别理想，但是一时也想不出什么更好的办法。而且大家也都知道在国内施工的工期是很短的，留给设计的时间更短，当时是要求在两个星期之内要把将用几十年的东西全都定下来，谈何容易，所以说我们当时考虑的结果就是做了一个这样的没有任何意义的构筑物。如果再有点时间的话，或者换到现在一定会有更好的处理方法（图2-2-13）。

图2-2-13 面对高耸的构筑物，仿佛听到来自内心的声音

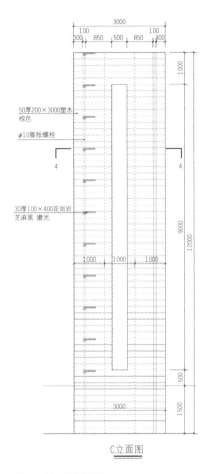

3000
100                          100
300    850    500    850    300

1000

50厚200×3000塑木
棕色

φ10膨胀螺栓

4                          4

30厚100×400花岗岩
芝麻黑 磨光

9000

12000

1000    1000    1000

500

3000

1500

C立面图

图2-2-14 构筑物详图

图2-2-15 构筑物施工过程

记者：于沣这个项目有什么故事可以和我们分享吗？有没有什么特别触动你的事情？

于：和硕滨河风景带这个项目从立项到完工历时很久，因为它分为一、二、三期嘛，就用了很长的时间在设计和施工配合。我们章教授是个做事特别严谨认

真的人，从场地踏勘到现场调研，到设计研究过程，再到施工阶段的巡查和配合，事无巨细，方方面面都能体现出一个设计师对自己作品的热爱和负责任的态度，这个真的是对我们这些年轻设计师有言传身教的作用！有的时候我们主动去进行工地配合，在三个十几公顷的

图2-2-16　如一道"丰碑"见证了滨河公园的过去与未来

公园连起来的风景带里来来回回一走
七八个小时，发现问题解决问题，把施
工方的老板都给走怕了，章老师还特别
精力旺盛的样子，甲方建设局的人就
感叹，"这件事交给你们章教授做，再
想不认真已经来不及了！"（图2-2-
14～图2-2-16）。

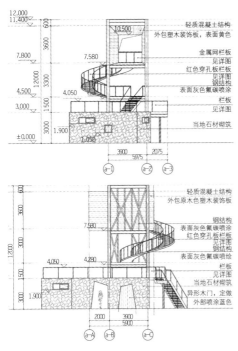

图2-2-17 眺望台详图

植被也不多，平时没什么人去。因为不知道具体的情况所以我们不评价该公园的设计和施工如何，但是作为一个县城公园来说，没人去，那真的是场地与造价的双重浪费。

记者：你对滨河风景带一期项目的印象。
于：滨河风景带一期刚刚建成的时候，当地县委一把手有一次特别郑重地感谢章老师，说他特别愿意晚饭后去风景带散步，当傍晚的时候登上眺望台，从制高点，可俯瞰全园的景色（图2-2-18）。能看到很多当地居民在里面玩，跑步的、遛狗的、谈恋爱的、带着老人小孩全家出来散步的，他特别高兴！都说设计改变生活，在和硕滨河公园这个项目里，我有了切实的感受。一个公共绿带的建成，可以让项目周边的百姓改变生活习惯，走出家门亲近自然，这是最让人欣慰的。设计作品最终是要服务于人的，能得到老百姓的夸奖，比得到设计奖都让人高兴呢！（图2-2-17）。

记者：所以你们的工作受到了甲方的认可和好评？
于：不单是工作态度受到了甲方的高度认可，滨河风景带的设计效果也受到了大家的好评。在滨河风景带立项之前，和硕县里有一个已经建成的公园，以当地的葡萄酒文化为主题，面积很大但是空间不是很丰富，空旷平坦一眼望穿，

图2-2-18 登高远望，总会看到意想不到的景致

记者：那种植上是以片植和线植为主，与道路及地形相吻合，但是不知道在色彩方面是有什么考虑吗？

章：在种植的色彩方面，一期最初的考虑是用一些当地的乡土植物，也就没有在色彩上追求什么特殊的效果。但是当地的乡土植物有很多品种的色彩变化是非常丰富的。比如二期入口处四周我们用胡杨作背景，胡杨本身是新疆最具代表性的植物之一。你要知道秋天胡杨的黄叶是特别漂亮的，那种艳丽的色彩真的要比北京香山的红枫和黄栌有过之而无不及。包括我们入口放射状形式的种植，设计上就没有用常规的绿色植物，而是采用了金叶莸。金叶莸的叶子偏黄，放眼看去一片金黄，让人感受到了南疆沙漠的感觉。但是后来发现这个品种第二年以后的表现不是很理想，本身也知道那里的土质不是很好，现在已经用其他菊类品种代替了。据说效果就变得更好了。总之从色彩上并没有去特意考虑，也没有特意去做什么组合上的变化，选择的主题还只是南疆的这种彩叶植物（图2-2-19、图2-2-20）。

图2-2-19　冬日的眺望台

图2-2-20 入口的胡杨在秋日的阳光里光彩照人

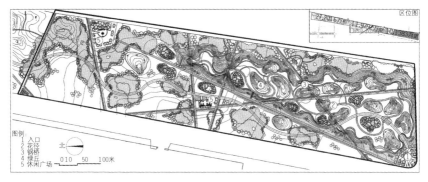

图2-2-21 上图: 二期平面图
左图: 改造后的现状直线路

记者: 我们发现平面图中有很多直线, 这样的做法与常规传统的造园手法有一些冲突, 您当初设计是怎样考虑的呢?

章: 因为现场是一个特别狭长的场地, 有很多已经走出来的现状路。二期的路是因为在山包里走, 不拐弯也不行。二期你要做起来不可能堆这么多地形去营造那个蜿蜒曲折的小路, 在一个平面上来回地拐弯也缺乏创意, 而且新疆的风土人情是比较直爽豪放, 所以我们觉得就不要做得像江南小桥流水那样, 基本上是以直线道路为主。从一期到二期我们做了很多这样的直线园路 (图2-2-21), 但是园区的主要环线还是用曲线连接的, 贯穿南北的环形路都是曲线的。中间的那些小路都是拿直线来做, 包括在河滩地里面做了直线形的矮墙。而且二期的五个钢结构桥也都是直线的元素。在这种狭长的场地里用直线做穿插, 一是比较直接便捷, 二也是为了体现当地的风土情节。可以理解为既是从现状出发, 同时也是与当地文化的呼应。

记者：那么设计过程中有什么跟以往不一样的经验呢？

于：关于这个项目设计过程中遇到的困难、机遇和如何面对、适应、解决，刚刚章老师已经讲到了很多，当然他是总结了精华来说的，对于一个倾注了设计师心血的"亲生的"项目来说，过程中的点点滴滴都是难忘的。

记者：你在项目中的工作分工？

于：我在项目中主要是负责施工图部分，尤其是总图竖向和种植专项的设计。由于现场新建滨河堤坝、旧河道和旧有堤坝之间错综复杂的立地条件，竖向设计过程中章老师带着我们做了多次研究讨论，我至今记得当时每一期都打印了加长图幅的底图手勾等高线，因为要理清楚现状标高与设计标高之间复杂的关系。

图2-2-22　地形的开合起伏，视觉上开阔而悠远

记者：还收获了哪些经验？

于：如果不说，你一定猜不到一期堤坝旁边的大开合的地形下面我们其实覆盖了很多现场搬迁走的石材厂留下的边角料和石粉等等废料。因为和硕当地的土壤是十分珍贵的，即便不考虑造价问题，也不宜为了塑造地形使用大量的壤土。于是章老师提出了在原地坪标高上用石材厂废料塑山的方式，先用石粉和戈壁土混合夯实接近设计标高，再覆盖当地河滩里的回填土，等过了一个冬季沉降完成后，只在表层覆盖40厘米的种植土然后进行绿化种植。既解决了新建堤坝和原有河道之间的高差，又营造了丰富的地形空间变化，还避免了现场废弃石料的清理运输和二次填埋的问题，一举数得，这种手法在日韩等国的棕地改善项目中有过利用，是我以往参与其他项目时没有的经验（图2-2-22）。

图2-2-23 场地的渐变

记者：二期的平面图上可以看到多个不同大小的独立地形，与一期连续的微地形不同，两者是否有些不统一呢？

章：一期场地原先就是平平的，地形完全是人工堆出来的。所以在地形的设计上我们考虑的是减弱堤坝的存在，形成一个比较连续的起伏地形的效果。到了二期，他的现状本身就是一个个独立的小山包，所以我们基本上没有改变现状，只是在现状的基础上做了适当的强调，让轮廓更明显一些。有些地形形状并不是很好看，设计是在此基础上把他们统一做成一侧陡一侧缓的椭圆形，但是方向不一样，让他看起来有些变化。我们还在每个山包上又做了一些小的装饰，因为陡的一侧植物和土壤容易流失，同时考虑到小土包时常会引起不吉利的联想，就在这一侧做了一个半圆形的小挡土墙。挡土墙做完后也被人说过，遇到的阻力也很大，大体是在说：本来这种小土包就容易引起人们的误会，贴了石头以后会觉得更不吉利，因为我们贴的是白石头。好在这种争论最后也不了了之，也就是现在的照片效果（图2-2-23～图2-2-25）。

图2-2-24　白色河滩石与野花的自然结合促生场所的空间演变

图2-2-25　野花、散石与地形

记者：在道路及低洼处散置了一些大小不一的置石，显得很自然，有争论的白料石墙体，您认为是成功还是不成功？

章：这就是我上面讲的问题中提到的挡土墙。因为现场原有的土包都是自然形成的，在造型上像馒头状，效果不理想，更给人不吉利的感受。设计上是将它调整为有缓有陡的地形，陡的一侧就出现了白料石砌成的挡土墙。挡土墙和植物形成了硬景与软景的对比，这样人在围绕地形走时候，就会出现两种不同的直观感受。当地有白色和红色两种石材，商讨的结果还是选择了白色，因为白色会在绿色中会更容易跳出来，就坚持还是用白色。不过实际效果并没有想象中那么好。不能说成功，充其量只能说没有太失败。而那种散置的河滩石便是旁边河滩里挑选出来的材料，也希望呼应滨河公园这一主题（图2-2-26）。

图2-2-20 地坡、丛林、远山、蓝天昭示着有限中的无限

图2-2-27　盛开的野花组合超越了设计预想，抒发着场所的情怀

记者：二期印象最深刻的是野花组合的地被种植，您的此前作品好像从来没有这样用过。

章：这种效果也是超出我自己的预期。之前也做过花径，通常是几个品种一个小范围一个小范围穿插种植，再小就控制在1平方米或半平方米之内，而且都是一个品种一个品种的组合。但是这次

的野花组合在我们最初的图纸中并没有被设计（图2-2-27）。最初的设计只是普通的花径，但是花径对于当地的施工队来说整个施工过程比较烦琐，因为要求施工队要有前后搭配，品种的选择，对于施工单位来说麻烦费工。后来施工单位提出了一个大胆的建议，将不同的一二年生的花卉种子进行混播，这样出

来的效果便是每枝花都不尽相同，和花径的效果完全不一样，而且花期超长，混播的效果出乎我们大家的意料，超越了原设计的预期。这个功劳应该归功于施工队。事后也发现了一个致命的问题，第一年的效果很好，但是到了第二年和第三年，效果就相对弱一些。现在如果不开花或者只开单一的花我们觉

得并不难看，哪怕是花谢了那种感觉，因为刊登在杂志上的都是花谢后的照片，追求一种凋谢后的荒芜之美，所以这种效果应该是超越原设计预期的意外收获。

图2-2-28 钢桥上的视觉感受

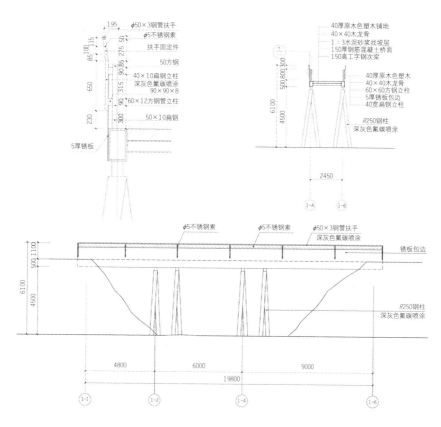

图2-2-29 钢桥详图

记者：钢桥采用的是实体栏板，为什么不设计更轻巧的扶手栏杆呢？

章：因为当初园区的投资很少，所以几乎没有什么构筑物，全是地形、植物这样去重复。这个项目缺少的就是体量感的东西，不像通常的郊野公园追求纯自然景色，所以我们希望如果做构筑物的话，一定要把构筑物的体量感表现出来。项目里做的栏杆是一个通透的板状造型，但如果把栏杆封死的话，就变成了一个实体的体块放在那，我们设计需要的就是一个体块，两个地形之间架上一个矩形的块，显得厚重些，具有体量感。如果现在再去，原本锈板的体块已经被宣传部的宣传横幅装饰着"焕然一新"（图2-2-28～图2-2-33）。

图2-2-30 穿过花海的园路曲折蜿蜒

图2-2-31  钢桥外立面施工过程

图2-2-32  钢桥踏面施工过程

图2-2-33　钢桥施工现场

图2-2-34 当地的原材料

记者：以往您的设计是以细节取胜的，那这次的作品也一定会有一些细节的设计吧？

章：也是有一些，但是都不太理想。

记者：哪里不理想呢？

章：主要还是工艺达不到，尤其是一期入口广场的位置我们在铺装上做了很多小的变化，但效果和我们想象的完全不是一个感觉。所以实际上我们真正是通过这个项目又一次地认识到设计不仅仅是设计师自己随心所欲的创意过程，也

图2-2-35　利用当地石料"和硕红"拼搭的入口空间

是遭受一个又一个挫折的过程，学习成长的过程。首先是要学会用当地本土材料，其次是要考虑风土人情，更重要的是结合当地的施工水平，这是很容易被我们忽略的大事情。试想如果超出施工工艺水平的设计，其结果是可以想象的，而也正是我们常犯的通病，所以说从这个项目以后，我们会更结合本地施工工艺水平去进行设计，也就没有再刻意去做某些所谓的很得意的细部了。学会了放弃，学会了淡化自我（图2-2-34、图2-2-35）。

图2-2-36 开阔的场地、深远的主路述说最质朴的情愫

记者：施工工艺是会有地区差异是吗？

章：严格地讲存在这种差异，好的施工单位可以让这种差异最小化，但是受项目造价的限制，由于要求低价中标，一般园林中好的施工单位在价格比上没有任何优势。初入道的园林施工单位也看不出太大的劣势，往往也能轻而易举地中标。我们这个项目正赶上这种情况，原来没有做过园林土建，之前最擅长的是做乡镇道路，过程艰辛。与此同时，通过这个项目不仅锻炼了我们整个设计团队，也培养出又一个新的园林施工企业（图2-2-36）。

记者：那还是要归结到投入太少，预算太少的原因是吗？

章：对！这仅仅是一方面，一直说投入少做不好，现在想想其实不然，投入少也有投入少的做法。投入少我们也可以做得很好，当然投入多，想必会做得更好。就像服装搭配一样，钱少一样可以搭配得漂亮得体。也就是说如果投入多，就会提升做出好作品的概率，当然也有低投入仍然可以出好作品的案例（图2-2-37）。

记者：其实给您的感觉就是以后有这种投入少的，在施工这一块就是要考虑不需要太复杂的工艺，但是能呈现比较好的效果是吗？

章：一方面投入少也许是设计行业今后的新常态，它牵扯很多连锁性的变化，投入少实际上是要求在设计上不能做过多过大的构筑物。不光从体量上，从材料上以及加工精度上都不能用过于设计的表现来实现，这是设计上面临的首要问题。另一方面，施工队是一个很关键的环节，收费高的施工队不愿意做，因为他们会觉得没有利润。做得好的施工队别的项目都请他们，所以很难轮上做你这个项目，所以说，除了这方面的原因以外，你还要考虑到很多附加因素，施工队的能力，是否能承受这种设计，能不能达到你所要求的精度。另外，最可靠的方式是我们用施工队最擅长的方面来做这个设计，在这里十分想传达的一个信息是：一个很成熟的设计师或一个成熟的设计团队，无论在任何地方碰到什么样的施工队都不打败仗，才是合格的设计师、设计团队。说起来容易，做起来真是不容易（图2-2-38）。

图2-2-37 粗犷且厚重的钢板桥

图2-2-38 施工中的廊架

图2-2-39  水泥砖、沥青路，最简单的材料却有不期而遇的效果

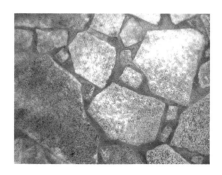

图2-2-40　上图：铺装小样
　　　　　下图：二期入口广场

记者：铺装材料上，比如重点几处广场外采用大量的水泥砖和沥青路面，这是您希望的效果吗？

章：这个也不能说是希望的效果，但我们觉得这也不难看，而且也还比较符合当地情况，因为水泥砖确实质量很差，但也确实很便宜，效果还能说得过去。虽然跟内地的同类产品比质量还是有差距，但是费用上有它的优势。公园的园路通常都希望用砖或者用石材来做，但

是沥青路面做出来也不难看。尤其是主路、环路需要有行车的要求，或者一些功能性的路，沥青的材质也许是更好的选择（图2-2-39、图2-2-40）。

记者：您能谈谈当初的最大困惑？

章：最大的困惑刚才也说过了，它面临很多的不利因素，植物到底能不能长好，这样的造价能做成什么样的景观效果，然后就是施工队没有接触过这类项目，

原来以做乡村道路为主，园林工程是第一次做，他们能完成到什么样的程度都是一个未知数。但是越是这样的话，对我们来说越能锻炼设计水平，很多设计师做完设计以后，只要做不好就会从两个方面说自己为什么做不好。第一个是甲方改了原有的设计，没按原设计去做。第二个是施工队没有按图施工。通过这些年做新疆项目的经验得出了一个结论，也是现在跟很多年轻设计师说得最多的一点，就是：上面讲到的这两个方面实际上都不成立。

记者：为什么呢？

章：作为设计师，让甲方接受你们的设计并忠实于设计，最终实现设计是每一位设计师的职责。说甲方没有按照原设计，或者改变设计方案等其实还是设计师的问题，设计师可以不让他改，也可以让甲方接受设计师的设计。不要说施工质量不行，设计师可以要求施工质量达到设计要求，当然现场的变更是不可避免的，设计师可以让变更不影响原设计的效果，甚至会带来更好的效果。后期的现场如果能掌控好的话，就是再不理想的施工队也能做到不失整体效果。

记者：那就是说设计师将责任推给任何一方都是说不通的。

章：也许大部分设计师不这么认为，那不这么做的结果就是处处出问题，以致断送自己的设计。通过多个类似的项目，

虽然碰到多重困惑，但是也收获了很多，特别是新疆的项目，这是我们在其他项目中不可能领悟到的东西。所以我们现在可以大胆地说，如果那些还在埋怨施工队、甲方的种种原因使得最终的效果不尽人意的话，那只能说是一种毫无意义的推卸，设计师完全可以说服甲方和施工队，按照设计图纸施工，当然设计师也不能完全地自我，最后还是要帮助甲方实现他们的目标，设计师的职业和艺术家不太一样，不是设计师想做什么就能做什么，而是甲方想要什么设计师怎么给他实现，这是设计师真正要做的事情。如果你做的设计既让甲方觉得达到了他们的要求并为之兴奋，而且又表达了设计师自身的设计理念和风格或者说设计哲学，这样的话这才是一位合格的设计师。

于：所以章老师带着我们不单是在做景观设计，我们还是"环境改造家"。（笑）在工程进行到一半的时候，我们曾经爬上还未施工完成的钢桥一端，站在那里看园路像河流一般在二期的丘陵地形中蜿蜒逶迤，那种感觉和站在法国加尔水道桥前看加尔河谷的感受特别相像，当然，我们的空间尺度要小很多。

记者：这是很需要有智慧的行业。

章：是需要时间、经验、经历积累的行业，是需要执着和具备锲而不舍精神的行业（图2-2-41）。

图2-2-41　茂盛的旱生植被

图2-2-42　三期水系

记者：奥，这么说设计师不仅仅只是做好设计，还要具备其他很多方面的综合能力。

章：是这样！如果设计师说：这是我最理想的设计，甲方为什么不接受的话，那你还不是一位合格的设计师，或者说充其量是一位还没有"毕业"的设计师。设计师首先是需要把甲方的想法实现出来，并且把甲方的意见融入设计中，甲方觉得很好自己也觉得很好。所以说一个设计师的能力确实是一个综合的能力，如果做到大师的话要求有更超强的能力，不只是本身，还包括有很多其他因素，所以说设计师这个行业感觉很时尚阳光，是一个非常辛苦的行业。

记者：据说我们滨河公园有三期，为什么这里只介绍了一期和二期？

图2-2-43　三期水面

章：三期一方面是当时还没有完全完工，其次三期做的设计没有一期二期个性化，三期我们做得相对保守一些，沿用了以前的传统手法，我们又结合现在更常规的公园做法，没有再去挑战一些新的设计手法，所以在这里面我们没有特意地介绍三期。其实三期要介绍的话，也有好几处比较经典的设计，但是我们没有把他作为一个亮点去说（图2-2-42、图2-2-43）。

记者：刚才也提到收获，那您还有什么其他收获或反思跟我们分享一下吗？
章：这个其实我刚才也说过了，就是如何跟甲方沟通，如何让施工单位能更好地展现设计图的每一个细节。此外，想说的是设计师自身的不断提高，这才是一个更漫长的过程（图2-2-44）。

图2-2-44 杨树林的营造

记者：好的，想请张筱婷回答一下我们的问题。请问您是从一期、二期施工阶段就开始参与的吗？从拿到方案图纸到施工现场，与您想象的一样吗？

张：是的，是从前期开始参与到新疆的项目中，看到方案眼前一亮，面积比之前做过的项目大很多，类型又是公园，对现场充满期待。可是到现场完全傻眼，周边也没有建筑，满地尽是的荒芜河滩，完全是无从下手的状态。怎样也不能把现场和方案联系到一起。对未来效果的呈现打了一个大大的问号。

记者：这个项目和您此前常接触的地产项目的差别？

张：在我看来，常规地产项目的设计流程相对成熟，再因各个方面的限制，实际设计的空间不大，更像是一条流水线，你只是流水线上的一个环节而已。而在和硕滨河公园的设计与施工过程中，要深入地了解新疆人文环境及植物特性，反复地推敲植物营造的空间及材质的运用。这些都要掌握，才能去解决现场的每个问题。一个完整的成果背后，都在考验着设计者的能力水平。

记者：后期配合中主要是一个怎样的角色，和章老师怎样配合的呢？

张：常常和章老师在现场巡检发现问题后，章老师会第一时间提出解决方案，而我会在接下来的时间反复与施工单位、甲方沟通，达到落实解决方案的目的。有时你会发现有些植物在新疆的长势并不理想，有时发现例如玻璃、景观灯这样的材质并不适合当地（因为会被人为破坏），还有时你设计的是大粒径的自然的置石，到现场一看，置石会摆得比砖还齐等等一系列问题。正是章老师不厌其烦一点点地解决、修正、督促，一步步看着方案落地，才消除了我当初打下的那个问号（图2-2-45）。

图2-2-45　施工现场

图2-2-46 眺望台施工现场

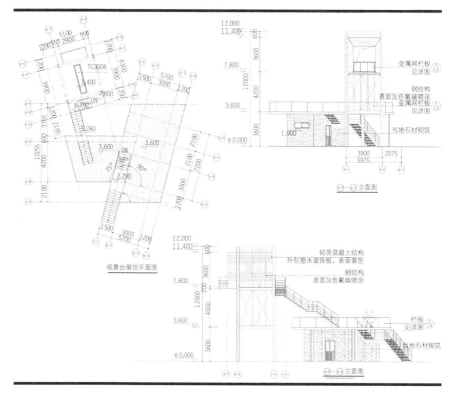

观景台屋顶平面图

① — ① 立面图

金属网栏板
见详图

钢结构
表面灰色氟碳喷涂
金属网栏板
见详图

当地石材砌筑

轻质混凝土结构
外包塑木装饰板，表面黄色

钢结构
表面灰色氟碳喷涂

栏板
见详图

当地石材砌筑

② — ② 立面图

图2-2-47　眺望台详图

记者：这个项目对你来说最困难的部分是哪里？又是怎样解决的呢？

张：最困难的部分就是现场施工的材料与工艺带来的困扰（图2-2-46），让你每次都有种理想与现实相差甚远的无力感。章老师会叹气，会愤怒。但他从来不会放弃。工艺不好没关系，重新做，现场调，回到公司再找来各种图片发给现场去对比；材料单一受局限没关系，反复推敲拼接搭配方式，在最普通的材料身上发现别人看不到的光彩。总结为两个字，不外乎"态度"二字。

记者：对于"荒"，您的解读是什么？

张："荒"，就亦如我第一次看到现场最直观的感受——一派荒无人烟的场景。而通过几年一步步走来，用那些看似不起眼荒废的材料呈现出大家所看到的滨河公园。我想用自然的方式去回馈自然，便是对"荒"一词另一种美好的诠释（图2-2-47）。

记者：那我们最后还有一个问题，希望您能谈谈为什么这本书名称之为《合二为一》，和这三个作品有什么直接的联系。

章：当时选"合二为一"时，反映了最大的一个共性是，虽然三个作品的风格完全不一样，但是一直都在做"减法"。比如说明园，他的所有的铺装面材，无论是地面还是墙面就只是一种，除了一些小细部，基本都没有材料的变化。恬园的整体铺地也是一种石材材料，而且没有植物配置，一般说一个园子没有植物配置想必没有人敢相信。而恬园仅仅做了最大限度地保留了现状，没有设计种植图，除了现状林外，所有的空地都用石子盖上。荒的解读也一样，初期的设计就在做减法，基本是结合现状（大坝）去做。空间可能也有一点小变化，但是动作都不大。尤其是二期的空间，完全是现状地形的展现，以上三个作品的共同点就反映在"合二为一"这样一种设计思想图（2-2-48）。

记者：那么这种设计思想是否一直延续到现在呢？

章：这种设计思想也体现在最近做的中海油的项目中，整个项目基本就绘制了两张详图（其余都是总图）。其实我们自己并不知道只有两张详图，是后来要在杂志发表，希望找几张详图时才发现。所以说没有任何刻意地去做一些改变，是一种自然而然的结果，设计的东西越来越"简"。这个减法不是说没有变化，是有变化的，只是是在一个序列里的变化，不会跳出这个序列。

记者：那您能用一句话概括上面所说的意思吗？

章：也就是说：少就是多（less is more），这里的"少"不是没有变化，而是没有多余的变化。再比如说现在看学生的平面图，我会跟他们说变化多没关系，不怕变，但是不能没有关系的变，没有关系地变是没有意义的，举个形象的例子：相互间有关系的变化，就好像1+1+1＝3。如果相互间没有关系的变化，那么1+1+1有可能等于0。所以书名定为"合二为一"。更精确地讲应该称之为"合N为一"。

图2-2-48　穿越桥洞的框景

图2-2-49  俯视三期西侧的景观挑台

记者：噢，可以说是您的设计思维方式吧。

章：现在也说不好！也许过几年又会变成其他方式。我会跟设计师说，你们设计东西时总习惯变来变去。自认为变了很多，以为这样做了加法可以丰富空间，但是实际上却是在减分，如果读者能理解了这个道理的话，设计就会变得完全不一样了。

记者：那就是说设计的时候要有一条主线，有点万变不离其宗的感觉。

章：也不能完全这么理解，可以变，但是要有关系地变化。比如画画的时候要用到很多颜色，但这些颜色可能都是暖色调的，这样画出来的就感觉协调，整体是一个色调。设计也一样，每一个元素都是不同，但是只要能找到同一个共性去表达，就变成一个完整的序列空间（图2-2-49）。

图2-2-50 园路、草地、树丛描绘着空间的神韵

164

记者：你好，范雷。请问一下你是从什么阶段开始介入此项目的？对这样庞大的项目你每个阶段工作又是怎样理解和体会的？

范：其实我是从三期开始接手项目的，主要工作是辅助章老师完成方案深化，还有前后期交接的工作。说到项目其实感触是很多的，就像这个项目一样太大，想很好地诠释一下项目，还真不知道从哪里说起是最好的。不过章老师在《风景园林》杂志上为这个项目发表过文章，《"荒"的解读》。我认为这个"荒"字说得太准确了，说到了这个项目的灵魂，说到了项目的"根"。

那对于这个"荒"每个阶段都有不同阶段的理解，我也做了总结和归纳。

首先第一个阶段的感受就是"慌张"，心里没底。因为当时以往的新疆项目都是集中在像库尔勒这样的大城市中心（像孔雀公园和新华园都是当地精品项目），市领导和群众都给予了很高的评价。这次是在相对不太富裕的县城里，投资很少、面积又大，还要达到预期的效果，在当时作这样的项目经验并不多。对设计和施工都是一个极大的挑战，这里插一句，这次的施工单位以前是做市政道桥施工工程出身，作景观工程还是第一次，施工经验值几乎为零，当时我们的心情可想而知。

其次第二个阶段的感受就是"荒无"。建设前场地一片荒芜，东侧是6米高的防洪坝，清水河一年四季除夏季的几场降雨外，几乎全年都是干枯裸露的河床。场地多是被石材厂的石粉、废料布满的滩涂地。这里的地上只有薄薄的一层土，没挖多深就是卵石层了，对绿化种植是极大的挑战。

那第三个阶段感受就是"拾荒"。针对这片荒芜的场地我们采取了一些对策，利用场地里废弃的材料和河滩石，利用现有的高低起伏的地形，把它们变废为宝，回收再利用（像园区的石墙、石滩、绿丘都是变废为宝的经典实例）。还有园区内尽量最大限度地回避高大构筑物，尽可能多地沿用当地长势好的旱生植被，还有当地的特色野花，诠释场地固有的"表情"，渲染场地的苍茫感。

用句经典的广告语做一个"荒"的总结最为恰当，那就是：

我们不生产水，我们只是大自然的搬运工！——农夫山泉

我们从不设计景观，我们只是发现和挖掘自然大美的"拾荒者。"——新疆巴州和硕滨河公园

记者：通过这个项目你感觉自己在设计方面有哪些提升和进步？

范：因为这种类型、这种条件的项目涉及并不多，以往还是以地产项目为主，通过和硕滨河公园项目的设计，丰富了

图2-2-51 竣工后的眺望台

设计类型，知道了设计没有高低好坏之分，只要适合场地就好，因地制宜就地取材的设计才是最舒服的设计等等，还有很多很多。但感触最深的还是对设计师的态度和职业的理解方面。章老师在这方面可以说给我们这帮后生们很好地上了一课，每次只要去场地巡检，公园里凡是设计的道路，就没有没走过的，不管是大路小路，不管是施工完的还是正在施工中的，不管刮风下雨，总之可以说是风雨无阻。每遇到一个工程问题他就会原地停下来，直到解决完才继续走，一天下来比跑个半程马拉松还累。我们后来开玩笑说以后画章老师的项目少画路多种树（图2-2-50、图2-2-51）。

# 对抗中的赏心

——新疆博乐市恬园

项目名称：对抗中的赏心——新疆博乐市恬园
委托单位：新疆博尔塔拉蒙古自治州博乐市
设计单位：R-land 北京源树景观规划设计事务所
　　方案+扩初：章俊华
　　施工：章俊华　白祖华　胡海波　王朝举　景思维　张　慧
　　　　　王宏禄　闫晓娇　马　丽　李豆豆　黄　莹
　　　　　专项设计：朱彤（结构）　杨春明（电气）　白晓燕（建筑）
施工单位：深圳文科园林股份有限公司新疆分公司
设计时间：2012年10月～2013年03月
竣工时间：2013年10月
用地面积：6294平方米

图2-3-1　晨曦中的恬园

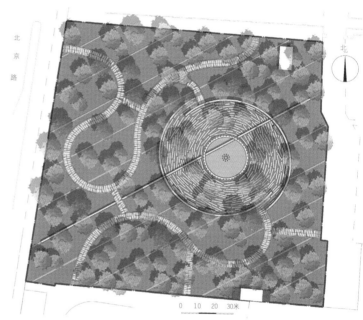

北
京
路

北

0 10 20 30米

图2-3-2　平面图

场地原为市园林局苗圃林，西临城市主干道北京路，北临文化路的延伸段，是城市中极少见到的现存且保留完好的林地。由于林中树木间距过密，生长状态并不十分理想，但在极为干旱缺水的新疆却是一处非常难得的城中"绿洲"。为此，设计宗旨就被确定为尽最大可能保留现状林木，实现"游"与"留"的合一，体验感悟清爽中的凝思。

首先在近似正方形的场地四边分别设置出入口，以求市民尽可能方便地"进"入其中。全园由一条蜿蜒连续的园路相贯通，以求市民尽可能赏心地"游"在其中。略偏东北部的中央圆形下沉广场，以求市民尽可能长时间地"留"在其中。动静两空间，提供了老少皆宜的户外休闲场所。唯有中心的圆形水盘，沐浴着大自然的阳光，让半封闭的林下空间开放、畅怀。

高于地面30厘米的园路打破了场地的平淡；S形道牙的选用衬托出曲线园路的轻盈；30厘米宽、2米长的条石与粒石的混铺表现出整与碎的交合；9米间距的分隔带寻求无序中的统一；1.1米高的弧形墙限定了"游"与"留"空间的走向；场地满铺的博乐红粒石追求林下空间的"纯"；河滩石外饰面的墙体寄托着乡土的情怀；中央广场旋转顺铺的旧石板条洋溢着昔日工匠技艺的精湛；直径12米的中心水盘映影着无限的蓝天；随时序舞动的喷泉散发着轻松与安宁的愉悦；仅30厘米高差的中央下沉广场彰显内外空间的动与静；中央广场的收放入径演绎着空间的神秘与期待；60厘米宽、80厘米高贯穿全园的直墙压顶强化了主空间的纵深之感。

整与碎、刚与柔、曲与直、硬与软、动与静、游与留、厚与薄、重与轻、新与旧、横与纵、收与放、杂与纯、明与暗、巧与拙……，均力求表达这样一种设计语言——对抗中的赏心（图2-3-1～图2-3-3）。

图2-3-3　自然条石与博乐红碎石的铺砌，质朴与凝重的交融

**项目访谈**

**对谈人：** 记者、章俊华（以下简称章）、赵长江（以下简称赵）、王朝举（以下简称王）、于沣（以下简称于）、李薇（以下简称李）

记者：恬园据说原来是一个苗圃，您第一次到现场是一种什么样的感觉？

章：第一次到现场，我们发现这个苗圃的苗木长得并不是很好，而且品种很单一，是一处特别不理想的林地，场地十分脏乱，林下没有生长任何植被（图2-3-4）。但其实仔细想，在新疆有这么一片，尤其是在城市有这么一片林子是一件非常非常不容易的事情。所以看完后的第一感觉就是：把这个苗圃开放，给大家作为一般的公共场所来利用。

记者：那您的设计灵感又是怎样产生的呢？

章：我第一次感觉呢，这个地方虽然不太理想，不过也十分宝贵，一定要把这片树林保护下来。当时正值盛夏，进到里面特别凉快，明显比外面要湿润很多。大家都知道，在新疆无论天气怎么炎热，只要一到有林荫的地方就会变得特别凉爽，（记者：嗯）但是到这片林子里以后，感觉比其他荫凉地方还要凉快，所以设计的第一灵感就是不管这个林子的树木是多么单一、长得多么不好，也一定要把这个林子保留下来。而且我们提出了一个让甲方感到特别意外的事情，就是可以不收设计费做这个设计（记者：笑），但是又附加了一个条件，即：如果设计没有什么重大的政治问题，希望不要改我们的方案，并一定要按这个设计实施。

记者：那甲方还不高兴坏了。

章：好像也没有，记得很从容的微笑了一下就突然收住，还是面不改色心不跳的说了一句：那就劳您驾了……。这个项目实际上要比做园博会的设计师园轻松许多，从不受限制方面来讲就基本上接近设计师园，可以随意地去做。跟设计师园不一样的地方就是没有这么多的概念呀、文化等附加条件，可以发挥得更加淋漓尽致（图2-3-5）。

图2-3-4　现场内部
图2-3-5　现场外围

图2-3-6　林间蜿蜒的条石板园路，编织着场所的韵律

记者：您大部分作品中好像直线线条用得相对比较多，这个项目却以曲线线条为主，其中是否有什么意义呢？

章：因为这片林地非常凉爽，设计是希望能在里面穿来穿去地走动（下面会讲到这个空间），然后在林子里稍微进去一点的地方做了一个停留空间。如何让这种动的行为在只有6000平方米的场地中长时间地保持，只有采取曲线，原本直线距离只有10米，你非要让他绕来

绕去地走15米或16米（图2-3-6）。

记者：噢，就是人能在里面来回绕。

章：可以这么说，所以整个线条基本就是曲线。包括中央广场和铺装纹理，这里面没有做任何构筑物，所以设计时把园路也当成一个小品。一般的园路做得跟地面差不多高，有时也略微高或者略微低一点，而这个项目是比地面要高，后面还会详细介绍这方面的内容（记

者：好的）。当然也设置了不愿意绕行的短线连接。

记者：一般做园路的方法是比周边低或者与周边等高，那咱们这个园子的园路为什么比周边的场地都高，而且高出不少，这有什么特殊的用意吗？

章：我刚才也提到过这个问题，当时全园没有做任何小品，是希望这条园路就是小品。不是竖向的，而是在地面上的，就像是趴在地面上的一个动态的雕塑。一个贯穿全园的雕塑，想突出它其实也很简单，只要把它抬高到比一般的园路再高一些。30厘米就足够了。此外我们在曲线路旁边做了S形道牙。整个路是曲线的，勾边也是曲线的，整体上感觉就像是一个飘在里面的小构筑物，类似一个大地艺术的东西。这个高度已经足以达到空间表现的效果了（图2-3-7、图2-3-8）。（记者：噢）。

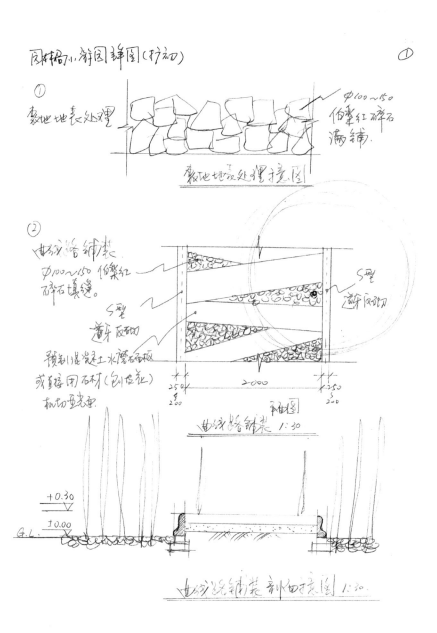

风格小游园详图(打初)　①

① 敷地地表处理　Φ100~150 份碎红碎石满铺.

敷地地表处理意图

② 曲线路铺装.
Φ100~150 份碎红
碎石填缝.
S型
避反切
预制混凝土水磨石面板
或直接用石材(创划线)
机切直划线

2500/200　2000　2500/200

曲线路铺装　平面图

曲线路铺装 1:30

+0.30
±0.00
G.L.

曲线路铺装 剖面意图 1:30.

图2-3-7　节点详图1

图2-3-8 高于地面30厘米的园路打破了场地的平淡

图2-3-9 施工现场

记者：从建成照片上看，设计上尽可能保留了现状树，小品营造上没有什么突出的构筑物，设计上显得很低调，并没有刻意地放置形体上的小品。

章：因为第一次去看完以后就觉得在城市中央有这么一片林子，从设计的角度来看已经是一个比较完整的艺术品了（虽然现场树木长势不太好，也比较脏乱）。如果在这个林子里再做任何东西，我们都觉得是多余的。它已经表现得很充分了，你再做就有点画蛇添足。在这里，所谓的设计就是考虑怎么让这片林地保留下来，怎么让游人能方便地进出，又能安静地停留就足够了。我们

在这里要做的只是适当地去规范一些硬质的局部空间，但是对整个林子的大空间、大氛围或者它的整个形体上都不会再做任何改变。因为在这个林子里面的这种感觉，再做任何变化都会让你无从下手。如果按常规的情况来考量，你也许会做一些竖向方面的构筑物，但是这里不知怎么处理为好（记者：对，对），怎么做都不合适。因此，除了中央广场的围墙和一条高80厘米的实墙外，就没有做任何突出的竖向上的东西，而是将设计的表达放在了地面（图2-3-9～图2-3-11）。

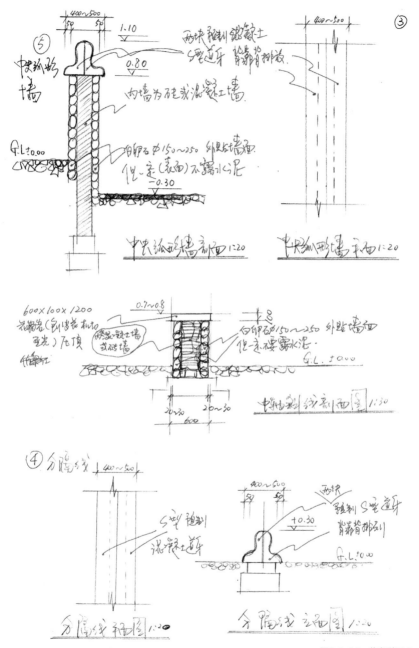

⑤

使孤形墙

⑤

③

400~500
150   50   1.10

0.80

两块预制混凝土
S型道牙 背靠背排放

内墙为砖或混凝土墙

GL±0.00

用卵石φ150~250 外贴墙面
使表(表面)不露水泥
-0.30

中央孤形墙剖面 1:20

400~500

中央孤形墙平面 1:20

600×100×1200
花槽卷(剧边装和地坪发)无顶
柱填红

0.7~0.8

预制混凝土墙
或砖墙

用卵石φ150~250 外贴墙面
使表楼露水泥.
GL±0.00

20~30   20~30
600

中轴剖线剖西图 1:30

④ 分隔线
400~500

S型预制
混凝土道牙

两块
预制S型道牙
背靠背排列

400~500
50   50

+0.30

GL±0.00

分隔线剖面图 1:20

分隔线立面图 1:20

图2-3-10 节点详图2

183

图2-3-11 60厘米宽、80厘米高贯穿全园的矮墙，压顶强化了主空间的纵深之感

记者：园路的铺装、中央广场的铺装与常规做法不太一样，这里面有什么考量吗？

章：所谓铺装，一般都会在它的材料、颜色、面层处理和拼接纹理图案上下功夫，但是本项目的铺装采用了不满铺的方式，保证正常行走，随曲线留出大小不一的缝隙，这些缝隙是随意的，没有特定的模数限制，也不会有太多变化（图2-3-12）。

记者：您认为恬园能呈现今天这样一个效果在施工中最重要的是什么呢？

赵：我很有幸参与到这个项目后期施工的阶段。从这个项目来说，我觉得它能达到今天这样一个效果最重要的就是在施工过程中对细节的把控和追求。在新疆，施工队整体的工艺水平还有一个比较大的差异。这是一个很客观的情况。章教授在前期设计中考虑到这一点，所以在设计中尽量采用跟当地施工

图2-3-12 中央广场的铺装

工艺相符的设计。但即使这样，在后期施工过程中，还是会出现很多不尽人意之处。举个例子，恬园矮墙上面的压顶的斜角（图2-3-13左），刚刚您也提到（记者：嗯），在刚开始，施工队采用的是人工加工的方式，导致现场这个斜角都对不上，远看也还行，但是专注细节的话就会显得很糙。当时虽然已经做完了，但是我们坚持让他们在上面进行二次加工，全部按照设计进行了修改。最后达到了我们要的设计效果。所以我觉得恬园这个项目，最后能达到这么理想的效果最重要的就是我们在施工过程中对细节这种孜孜不倦的把控和追求（图2-3-13~图2-3-15）。

图2-3-13　左：矮墙压顶斜角
　　　　　右上：铺装小样
　　　　　右下：现场调控石板的摆放

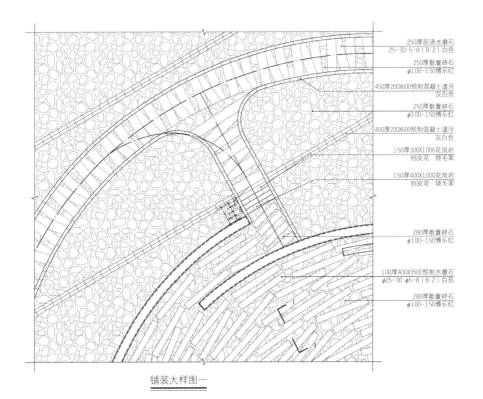

250厚现浇水磨石
25-30:5-8（8:2）白色

250厚散置碎石
φ100-150博乐红

450厚200X600预制混凝土道牙
灰白色

250厚散置碎石
φ100-150博乐红

450厚200X600预制混凝土道牙
灰白色

150厚300X1000花岗岩
刨皮花 烧毛面

150厚400X1000花岗岩
刨皮花 烧毛面

280厚散置碎石
φ100-150博乐红

100厚400X3500预制水磨石
φ25-30：φ5-8（8:2）白色

280厚散置碎石
φ100-150博乐红

铺装大样图一

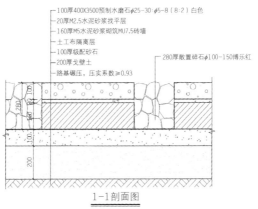

100厚400X3500预制水磨石φ25-30：φ5-8（8:2）白色
20厚M2.5水泥砂浆找平层
160厚M5水泥砂浆砌筑MU7.5砖墙
土工布隔离层
100厚级配砂石
200厚戈壁土
路基碾压，压实系数≥0.93

280厚散置碎石φ100-150博乐红

1-1剖面图

注：吊装时注意底端支护，防止开裂，吊点间距2~2.5m。

图2-3-14 铺装施工图

图2-3-15 施工现场

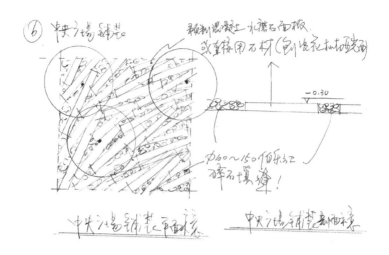

⑥中央广场铺装

预制混凝土水磨石面板.
或直接用石材（创意元林环境）

−0.30

内60～150厅乐红
碎石填缝!

中央广场铺装平面模
中央广场铺装剖面模

图2-3-16　上：节点详图3
　　　　　下左：现场茂密的现状树
　　　　　下右：保留现状树的铺装

图2-3-17　林下的博乐红碎石

记者：我们看到在恬园里面完全是错落的铺装。为什么这么做呢？

章：第一是考虑为了尽量避开树通过路，但还是会在路上面碰到一些树，如果采用常规铺装的话就会牺牲不少现状树。像现在这样来回错落铺装的话，错出的缝隙里就可以留出树干的生长空间来（图2-3-16下右）。里面的圆形广场，我们只做了最小限度的间伐，并且在现状树的基础上做了局部移植，把树的数量稍微减少了一些，这样人就能在里面待得住。

记者：是，现状照片的树林根本进不去人（图2-3-16下左）。

章：对，原来这个地方的树又小又特别的密，别说人都进不去了，就连植被也不长（没有阳光）。这样做了以后，原来的绿还在，空间也没变，唯一不同的是游人能够自由进出了。不光是能错身行走，而且还能有一个比较宽阔的活动空间，并且是在林下的活动空间，所以这里面是盛夏季节绝佳的户外活动场所。因此铺装与现状林，还有旧石板错落地摆放，在石板缝隙间、林下的博乐红碎石满铺似乎改变了原场地的不足（图2-3-17）。

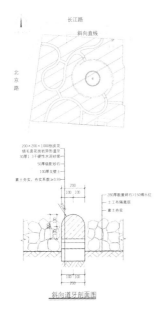

图2-3-18　11条斜线详图

图2-3-19　碎石满铺

记者：从平面图上看，场地整体被11条斜向直线穿过，与主体曲线形成了鲜明的对比，这里是有什么刻意的说法吗？

章：我们当时想的它整体是没有形的，虽然有边界和园路，但是场所却是一个很无序的空间。从景观设计的角度来讲，暧昧的空间是最大的致命问题。从理论上讲还是需要有一个形体的东西出现，这样才能成为一个明确的空间，如果没有做到的话，它还是一个空间，只是说这个空间不具体不太容易被评价。为此我们希望这个空间被再强调一些，所以特意做了一个9米间距的斜线带，它可以把一个互相没有任何关系的场地

规整化、形象化。这样的话也会赋予场所恰如其分的统一感（图2-3-18）。

记者：噢，是这样。不过总感觉并没有这么明显的效果。

章：是。你的眼光真不错，我们也有同感。一开始这个斜线的高度定为高出地面20厘米，但是施工的时候没有保证全部都均等地露出来20厘米，一些不到20厘米的地方，感觉就不是很明显。再一点，也可以说是比较遗憾的失误。当时做9米的间距在图面上的感觉是合适的，但实地做完后感觉间距还是有一些大了，如果缩小到六七米，那种感觉也许会比现在强烈一些。

图2-3-20　在无序中寻求的统一

图2-3-21　弧形墙上的特色压顶

记者：园路中的S形道牙与中央广场的曲线压顶很接近，是有什么相关联的吗？

章：刚刚也说到，这是因为当时我们认为既然都是曲线的话，何尝不在场地中的任何一个小细部处理中也能多用弧形，给它们之间找一些关系。正常的道牙都是直的，而在这个地方，我们也采用了能跟这个曲线找关系的S形道牙。包括里面这个围合的墙的压顶，同样也是用两个S形道牙拼成一个曲线的压顶，相当于盖了一个帽子。这样可能可以更好地缓解常规压顶与整个弧形在形体上的冲突。不过由于墙体的外饰面的河滩石过于宽厚，压顶也只能通过内外之间的缝隙来调节压顶的挑出尺寸，最终出现了现在的一道12厘米左右的缝隙。更加突显了弧形线条的轻盈，也算是设计之外的意外收获吧（图2-3-21、图2-3-22）。

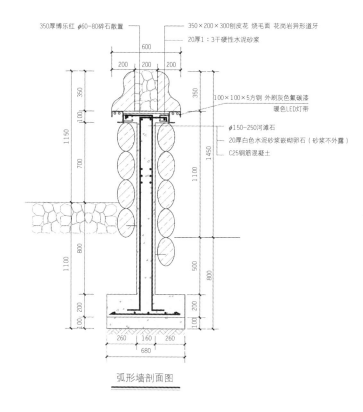

350厚博乐红 φ60-80碎石散置
350×200×300刨皮花 烧毛面 花岗岩异形道牙
20厚1:3干硬性水泥砂浆

600
200 200 200

350
100 350
1150 700

100×100×5方钢 外刷灰色氟碳漆
暖色LED灯带
φ150-250河滩石
20厚白色水泥砂浆嵌砌卵石（砂浆不外露）
C25钢筋混凝土

1450
1100

800 500
1100 800

200 200
100 100

260 160 260
680

弧形墙剖面图

图2-3-22　弧形墙详图

记者：您在最初的构想中讲到，希望中央广场的水池是一个能映照天空的镜面，为什么希望这么做呢？

章：这个设计正好也跟当时做北京园博会的时间差不多。因为园博会做完以后，总感觉不是很理想，有点意犹未尽，所以在这个项目中还是期待更好地反映它一下，也就做了这样一个池子。我们把这片一眼看不透的树林当作一块全部被遮荫的林下空间，设计是在这个不透光的空间深处（东北角）有一大束光照射进来，并且是一个明亮开放的地方（图2-3-23），（记者：噢）游人进去以后都会自然或不自然地往深处的明亮处走，那个明亮地方实际上就是我们的圆形中央广场。在圆形中央广场的中心我们把树木全部移植，设置了一个直径12米的圆形水面，上面就是天空，形成了这个地块唯一一处阳光能够完全照射进来的地方。但是当时树移植得多了一些，实际感觉并不是像上文中描写得那么明显。但这倒也不影响整体的效果。相信随着时间的推移，设计中的理想的状态——要做一个镜面来反射上面的树林、天空、彩云……这样一种超日常的景色定会实现。

记者：后来为什么又要做这么丰富的喷泉呢？这样一来不是破坏了镜面的效果了吗？

章：这是考虑到当地游人的需求，而且景观设计本来就是要求"雅俗共赏"，除了设计师极力营造的意境般的场景之外，是不是还需要热闹常规的场面呢？在这方面有过多次探讨。最终还是在这里面又加了喷泉（图2-3-24）。因为喷泉不常开，所以它不开的时候，还是一个镜面的状态，如果喷泉开的时候又会很热闹，这样当地居民更容易接受（当喷泉喷起来，他们会觉得很兴奋，不喷的时候会觉得有点无趣）。这样我们认为两种情况都有了表示。其实我们的初衷是不想要喷泉的（图2-3-25～图2-3-27）。（记者：笑，噢~明白了。）

图2-3-23 密林深处的明亮空间

图2-2-24　夜景灯光下的中央水景喷泉

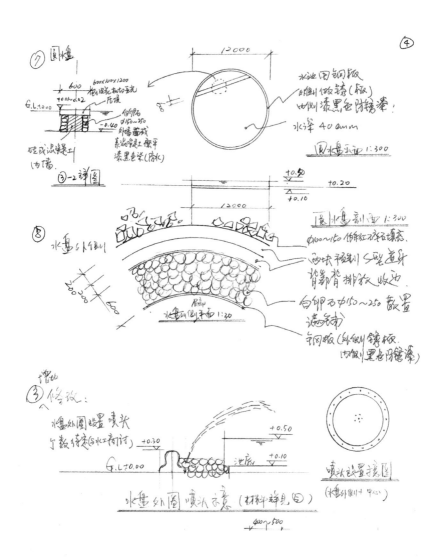

图2-3-25  节点详图4

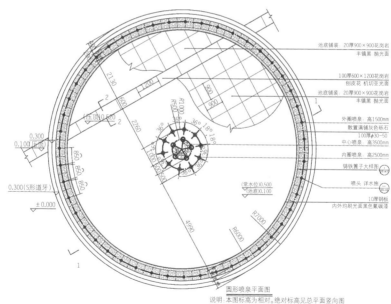

池底铺装 20厚900×900花岗岩
丰镇黑 抛光面

100厚600×1200花岗岩
刨皮花 机切亚光面

池底铺装 20厚900×900花岗岩
丰镇黑 抛光面

外圈喷泉 高1500mm
散置满铺灰色砾石
100厚φ30~50
中心喷泉 高3500mm
内圈喷泉 高2500mm

铸铁篦子大样图

喷头 详水施

10厚钢板
内外均刷光面黑色氟碳漆

圆形喷泉平面图
说明:本图标高为相对。绝对标高见总平面竖向图

图2-3-26 上右:浓密的树林与开敞的水景形成对比
上左:中央的圆形水盘映照着碧蓝的天空
下:水景平面详图

图2-3-27 中央水盘的开放空间，承载着大自然的生机

记者：直墙与弧形墙用Φ100～200的河滩石做饰面有什么寓意吗？

章：因为新疆最大的特点之一是自然河道基本上是季节性的，形成了很多河滩。那里没有长期的降水，会很干，但有时会有短暂的大雨或者暴雨引起的山洪，因此会自然形成一些宽广的河道。而这里的河道跟内地的河道不太一样，内地的河道不管多或少大都会有些水在流动，这边的河道是一点儿水都没有，但是只要一下雨，山上的雨水就会冲下来，常年的冲刷以后，河道里面会留下很多河滩石。石块很丰富，你可以到游牧区去看，他们拿这种石头做围墙或者羊圈的围栏，这些河滩石是他们当地特别有代表性的建筑材料。所以我们决定园子里的弧墙和直墙放弃常规的做法，采用当地最具代表性的材料和工艺（图2-3-28）。

记者：这样既经济又结合了当地的特色。

章：实际上，在施工过程中遇到了很大阻力，也许还是在施工过程中，被几乎所有看过的人说成是羊圈。当地州建设局、市园林局的领导也亲自过问此事，每个人都带着忐忑不安的心情关注着工程的进展，比任何人都紧张的是我们的设计团队，担心不知到哪天会把这部分拆掉，因为以前的项目中发生过类似的事情。也许是老天保佑，这个"羊圈"渐渐地被当地人民接受了（图2-3-29）。

图2-3-28 左：施工现场
　　　　　　右：砌满河滩石的弧形墙

图 3-29 河滩石外饰面墙体寄托着乡土的情怀

记者：在中央广场的四周摆放欧式雕花的成品座椅是否与现场整体的风格不相融呢？

章：对，有好多人给我提这个问题。当时考虑这里面做出来是一个特别特别纯的乡土的东西。包括里面的石材，这石材也是过去的老石头。还有里面园路的条石铺装，也是特地选的不光表面是自然面，侧面也是自然面的那种凹凸不平

的条石。但是施工过程中施工方为了节省开支就没采用设计要求的加工做法而使用了常规的不做边角处理的条石，所以整体上基本都是一些乡土的材料和做法。还有林下的地面，一般要么是种草坪，要么是种花，不会让它黄土露天，但是我们第一次到现场时发现，那片树林特别密，估计也一定经常浇水，但是林下空间什么东西也长不出来，应该是

图2-3-30  布满落叶，略显凄凉的深秋，回味着盛夏的热烈与矫情

树林密到一点都不透光，图纸上全部用了当地叫博乐红的一种石块满铺，既减少成本又方便了日后的管理，唯一美中不足的是影响树林正常生长的问题始终没有得到解决。所以在这个很乡土的场所里面，我们将矮墙的线条延伸进来，再有一些局部的材料，包括水池的材料和这种城市家具的座椅，希望它稍微洋气一点儿（图2-3-30、图2-3-31），

（记者：噢）。这种洋气不希望是现在做出来的，而是找那种好看的成品拿过来直接用，所以选了一个欧式铁艺雕花的座椅放进去。我一直在思考这种差异化的设计，到现在也没有特别明确的判定方式，凭的还是一种直觉。

图2-3-31 沉醉在自我的境界中

图2-3-32　老条石的再利用

图2-3-33　左：中央广场使用的老石材
　　　　　右：加工出的边缘不规则石材

图2-3-34 现场指导工作的新、老专家

记者：中央广场的螺旋状铺装的条石好像都是老石材，是从哪儿找来的呢？

章：当时这种老石材是在我们去参观博乐原有的一个园子，包括后来在做的这个人民公园时，从地底下挖出了好多这种过去的老石材。这种石材已经非常非常少了，全是石匠手工凿出来的，过去的石头都没有现在这种机器去裁，都是分出一块后，手工加工出来的，没有完全重样的材料，但基本保持这么一个尺寸。这种材料正因为有差异，而且是老材料，所以魅力无穷（图2-3-32、图2-3-33），如果现在要说最值钱的材料，一定就是这种老材料最值钱。现在再做的话很难做出来了。正好这个材料刚刚够我们这个恬园的中央广场用，多出来的一点用到了人民公园（记者：噢）。这种整体铺的感觉，以后再做任何一个地方都不太可能了（图2-3-34）。

记者：为什么呢？

章：因为不会再有哪个甲方能够容忍由于这种铺装，让多少爱美的穿着高跟鞋的女士戛然止步的设计实施出来。

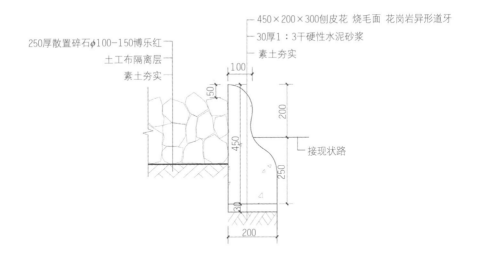

250厚散置碎石φ100-150博乐红

土工布隔离层

素土夯实

450×200×300刨皮花 烧毛面 花岗岩异形道牙

30厚1：3干硬性水泥砂浆

素土夯实

100

50

450

200

250

30

200

接现状路

图2-3-35　水盘外缘详图
图2-3-36　满铺石材的林地

图2-3-37 林下博乐红石材满铺近景

记者：为什么整体地面均用料石满铺，而没有采用绿植，与常规设计有较大的区别，是否有什么说法？

章：这就是我上面也讲到的那样，这片树林的第一感觉是特别密，林下什么也活不了，所以常规的那种在地上种些出彩的植物在这里几乎不可能。所以既然不可能的话，就干脆用当地的石材在地上整体满铺，满铺以后也形成了整体发红的、很暖的效果。但与此同时又忽视了一个非常重要的问题，就是为了防止杂草在垫层上面铺了一层土工膜（图2-3-35），让原本生长不太好的林地，又几乎停止了生长，对于场所的空间来说，当然是所期待的状态（图2-3-36、图2-3-37）。但是每当我美美地看到这一片清新的林下空间，总有一种道貌岸然的罪恶感（图2-3-38）。

图2-3-38　在夜景下的老条石与博乐红碎石铺装，无序中的有序

图2-3-39　园中局部近景

记者：最后您能讲讲这个园子最大的特点吗？

章：这个园子最大的特点，首先是它的材料。河滩石不说，铺装用的那种老石材的材料，估计就很难再找到了，所以这个园子是一个不可复制的园子。就是说绝前也绝后吧（记者：笑）。因此这个园子最大的特点我个人认为就是它有它的唯一性，你如果没有这种材料，就做不出这种效果。就算形状是完全一模一样的，用别的材料来做也完全是另外一种效果。所以这个园子最大的特点可

以归纳成：用最小的投入做了一个最简洁，场地改动最少，但是感觉空间梳理得相对恰到好处的一个作品。

记者：嗯，这也是独一无二的。

章：因为老石材是不可复制的，它带给场所的氛围也是无法复制的。也许正因为它的这个特性，在当地被接受的程度并不是太高，常规的绿地仍然是主流，感谢甲方的放任自流，实现这个作品三生有幸（图2-3-39、图2-3-40）。

图2-3-40 透过中央水池看宽广的蓝天

图2-3-41 施工过程最大限度的保留现状林

记者：在项目推进的整个过程中您体会最深的是什么呢？

赵：在这个过程中，我体会最深的就是，设计师对现状、对植物的尊重。因为在新疆，由于环境和气候的原因，这里每一棵树的成长需要的时间都比内地要多得多。所以这也就注定在我们设计施工的过程中，现状植物是一种很宝贵的资源，这一点前面章教授也提到过。然后章教授也说，景观设计师对植物的感情就应该像是父母对孩子的感情一样，所以在恬园这个项目中，我们最大程度地保留了它所有苗圃的现状树。哪怕是一棵很小的树，为了保留它我们也会对设计进行修改。所以我觉得对现状和植物的尊重是我在整个过程中体会最深的一点。

图2-3-42　左：中央弧形墙的S形压顶
　　　　　　右：无序中的直线条强调空间的纵深感

记者：让您最难忘的是什么呢？

赵：在这个项目中，章教授的设计是属于比较现代的、前卫的，但新疆这边相对来说是欠发达的地区，所以在这整个过程中我们经历了甲方和施工队，他们从不理解到部分理解到最后接受我们，并且到项目完成以后他们都很满意。我觉得最难忘的就是这么一个可以说是我们用设计来说服甲方的过程。在这个过程中，我体会到了作为一个设计师的自豪感（图2-3-41、图2-3-42）。

记者：作为项目的参与人员，您最大的感受是什么？

王：接触到甲方的这个委托以后，我和章教授一起到现场去看了一下。前面也说过，新疆的地理地貌不太一样，而且我们到了这里以后发现它的现状其实非常好，那我从设计过程一直走下来以后，发现章教授能够从土地中孕育出来这样一个作品，能够把当地的风土人情转化到现实作品中来，这种手法是我最重要的一个感受。包括咱们前面采访过程当中提到的石材的运用、有序无序的一些线条和有点冲突的欧式座凳，其实都是根据新疆的民族特性。像维吾尔族和新疆其他蒙古族，其实他们有一些家庭装饰也是带有一些欧式符号的，设计中的运用也是把与这些风土人情相关的一些东西融合到作品中来。真正能看得出，包括前面的一些问题，当地的一些石材、当地独有的一些树种，其实就是想最大程度地诠释这片土地的特点，最终完成恬园这样的一个作品，我觉得这个是最难能可贵的收获，这就是我的一些感受和心得（图2-3-43）。

图2-3-43　夕阳下的一缕阳光，萦绕着时空的轮回

记者：您觉得这个项目还有什么其他的特点吗？

李：我觉得恬园中央圆形广场的下沉也是它的一大特点。像恬园这样的一个园子，有了供人游览穿梭的园路，定然也需要一块留得住人、安静舒适的停留空间。下沉的台阶加上广场周围弧形墙的高度，正好给广场提供了良好的私密性，从而形成了这么一个静谧安逸的空间。这种下沉带来的高差使得走在园路上的行人与广场内的停留者形成了两种高度的视线。就像日本现在常做的一些现代住宅一样，采用错层空间，使两个空间内的人可以互不干扰，好似各自在一个独立的空间里一样。外来的行人也就更加难以直接看透内部的情形，这就也带来了一定的神秘感（图2-3-44）。

记者：噢，看来这小小的几步台阶确实

图2-3-44 剖面图

起了不小的作用。

李：嗯，同时也让原本平淡的场地有了高低变化。另外，我觉得这个园子的光影体验感受也十分有特色。正因为保留了原本场地里杂乱无章的树木，才有了阳光洒进来形成的这种斑驳的效果（图2-3-45）。当我们漫步在穿梭的园路上，光影也跟着瞬息万变，有的交织、有的放射，这是一种独特的视觉体验。

而当步入圆形广场内，坐在座椅上，又可以观赏静态的光影，感受点点阳光带来的温暖气息。而中央开敞水景处的大束阳光，就好像是画面上的一处留白，让光影尽情交织后，有一处释放。

图2-3-45 洒落在中央广场上的树影

图2-3-46　闹市中难得的一块宁静的休闲空间

记者：您对恬园这个项目有什么感受呢？

于：博乐市虽然地处边陲，但是作为新疆博州的州政府所在地，是地方上区域性的政治经济中心，是一个重要的沿边开放城市，从某种程度来说这个城市是热闹和快节奏的。恬园在现状改造时用简约凝练的手法让这块城市主干道旁边的密林更有灵性，成为一个感觉舒适和静谧的休闲空间，人们在进入这片景观的时候可以远离城市的热烈喧嚣，沉静下来，可以思考、冥想、灵修，体会阳光、树影、鸟鸣等自然界的种种美好。赋予一个场所这样的气质，是非常不容易的，而恬园做到了（图2-3-46）。

记者：这样一块闹市中的空间能够如此静谧，确实不可多得，大多数城市景观都是以硬化广场为主，不知道当地百姓跳不跳广场舞（笑）。

于：这个倒是还没来得及调查过，（笑），能如此安详恬适得归功于章教授对设计完整实现的追求。而且这个项目在材料的选择和使用上是非常环保和节约的，无论是当地石料的再利用还是博乐红碎石的使用都符合公园设计的经济原则，而渗水铺装的做法也符合海绵城市的雨水渗滞方针。博乐年均降雨量在200毫米左右，接近北京市十年平均降雨量的40%，在新疆地区很得天独厚，但是年蒸发量却有1550毫米还多，在景观设计时用巧妙的手法减少雨水的地表径流，让降雨能迅速地下渗，这种景观实践，我个人感觉在当地是很有推广价值的。

记者：嗯，让宝贵的降水回馈到地下水位而不是顺着市政排水管道排走，在新疆这样的地方更是弥足珍贵啊！

于：是的。有个小插曲不知道你注意到没有，恬园的平面构成和设计手法甚至对于雨水的下渗回收理念，都和2015年ASLA的住宅设计类获奖作品布鲁克林绿洲花园十分相似，而我们的项目是2013年的哦（图2-3-47）。

记者：是嘛？这个真的没注意到，回去我要找下资料仔细对比下。

于：这个可以有（笑）。

图2-3-47 林下的微喷

# 后记

本书是续《千里千秋——空间与时间的访谈》系列丛书的第二本。也是与中国建筑工业出版社的又一次合作。为此，首先感谢中国建筑工业出版社的杜洁及长期以来相互协助的每一个环节的部门；感谢一直以来鼎力支持并提供一切良好创作环境的R-land源树设计的合作人白祖华、胡海波；感谢设计团队中认真负责、无限奉献的张鹏、杨珂、范雷、王朝举、赵长江、于沣、张筱婷、李薇及R-land源树设计参与项目的设计师及全体员工；感谢多年来一直给予无私关照与大力支持的沈俊刚；同时也要衷心感谢本书中收录的3个项目的甲方：北京第九届园艺博览会（特别是强健局长、王脩珺主任），新疆巴州和硕县政府、建设局，新疆博州政府，博乐市政府、建设局、园林局、规划局；最后还要感谢3个项目的施工方：北京金五环风景园林工程责任有限公司，新疆福星建设（集团）有限公司和硕分公司（土建工程）、巴州大自然园林绿化工程有限责任公司（一、三期绿化工程）、新疆嘉木园林绿化有限公司（二期绿化工程），深圳文科园林股份有限公司新疆分公司。

希望通过《合二为一——场地与机理的解读》一书能够向读者传达这样一种信息："设计的源泉源于场地，超越场地。整个过程均是在精简、提炼中完成。用更通俗的语言来表达的话，那就是一直在做'减法'，并最终使其延伸至场地的每一角落……"。设计是一个平凡、综合而又无固定模式，需要具备强烈责任感的职业。这就要求设计师能够驾驭所涉及的方方面面。在空间的掌控上需要将复杂的现状简单化，毫无相关的构成有序化，避免一切无谓的冲突，相互间存在着一种有机的关联。做

设计就如同一种修炼，既漫长又往复，结果简单但又很难用言语去概括，是一种潜移默化的过程，需要日常的点滴积累和感悟。中国式的高强度的实践活动有可能缩短这个过程的时间，但绝对不会简化这个过程的每一个环节。本书也正是期待能成为每位读者哪怕是一点点的微薄受益，那正是我们的初衷。

章俊华
2016年3月于松户